FORTSCHRITTE DER PHYSIK

HERAUSGEGEBEN IM AUFTRAGE DER PHYSIKALISCHEN GESELLSCHAFT
DER DEUTSCHEN DEMOKRATISCHEN REPUBLIK
VON F. KASCHLUHN, A. LÖSCHE, R. RITSCHL UND R. ROMPE

25. BAND 1977

AKADEMIE - VERLAG · BERLIN

Inhalt des 25. Bandes

Heft 1

Heft 2

Heft 3

Heft 4

Heft 5

Heft 6

Heft 7

Heft 8

Heft 9

Heft 10

Heft 11

Heft 12

FORTSCHRITTE DER PHYSIK

HERAUSGEGEBEN IM AUFTRAGE DER PHYSIKALISCHEN GESELLSCHAFT

DER

DEUTSCHEN DEMOKRATISCHEN REPUBLIK

VON F. KASCHLUHN, A. LÖSCHE, R. RITSCHL UND R. ROMPE

HEFT 1 · 1977 · BAND 25

AKADEMIE-VERLAG · BERLIN

EVP 10,— M

31728

BEZUGSMÖGLICHKEITEN

Bestellungen sind zu richten

- **in der DDR** an eine Buchhandlung oder an den Akademie-Verlag,
  DDR-108 Berlin, Leipziger Straße 3–4
- **im sozialistischen Ausland** an eine Buchhandlung für fremdsprachige Literatur oder an den zuständigen Postzeitungsvertrieb
- **in der BRD und Westberlin** an eine Buchhandlung oder an die Auslieferungsstelle
  KUNST UND WISSEN, Erich Bieber,
  7 Stuttgart 1, Wilhelmstraße 4–6
- **in Österreich** an den Globus-Buchvertrieb,
  1201 Wien, Höchstädtplatz 3
- **im übrigen Ausland** an den Internationalen Buch- und Zeitschriftenhandel; den Buchexport, Volkseigener Außenhandelsbetrieb der Deutschen Demokratischen Republik,
  DDR-701 Leipzig, Postfach 160, oder

  an den Akademie-Verlag,
  DDR-108 Berlin, Leipziger Straße 3–4

Zeitschrift „Fortschritte der Physik"

Herausgeber: Prof. Dr. Frank Kaschluhn, Prof. Dr. Artur Lösche, Prof. Dr. Rudolf Ritschl, Prof. Dr. Robert Rompe, im Auftrag der Physikalischen Gesellschaft der Deutschen Demokratischen Republik.
Verlag: Akademie-Verlag, DDR-108 Berlin, Leipziger Straße 3–4; Fernruf: 2200441; Telex-Nr. 114420; Postscheckkonto: Berlin 35021; Bank: Staatsbank der DDR, Berlin, Konto-Nr.: 6836-26-20712.
Chefredakteur: Dr. Lutz Rothkirch.
Anschrift der Redaktion: Sektion Physik der Humboldt-Universität zu Berlin, DDR-104 Berlin, Hessische Straße 2.
Veröffentlicht unter der Lizenznummer 1324 des Presseamtes beim Vorsitzenden des Ministerrates der Deutschen Demokratischen Republik.
Gesamtherstellung: VEB Druckhaus „Maxim Gorki", DDR-74 Altenburg, Carl-von-Ossietzky-Straße 30/31.
Erscheinungsweise: Die Zeitschrift „Fortschritte der Physik" erscheint monatlich. Die 12 Hefte eines Jahres bilden einen Band.
Bezugspreis je Band: 180,– M zuzüglich Versandspesen (Preis für die DDR: 120,– M). Preis je Heft 15,– M (Preis für die DDR: 10,– M).
Bestellnummer dieses Heftes: 1027/25/1.

AN (EDV) 57618

Fortschritte der Physik 25, 1–36 (1977)

The Causal Function in Many Body Problems[1])

HIDEKI MATSUMOTO

Department of Physics, University of Alberta, Edmonton, Canada

Abstract

Analytic properties of the causal Green's function in statistical mechanics are investigated. It is shown that the causal function can be obtained as a certain limit of an analytic function. The dual field introduced by Umezawa and Takahashi in their field-theoretical formulation of statistical mechanics (thermo field dynamics), plays an important role to make the spectral functions real. In a few examples, it is shown explicitly that the Feynman diagram technique is applicable in the thermo-field dynamics.

1. Introduction

Methods of quantum field theory have been more and more applied to statistical mechanics to treat many-body systems of interacting particles.
MATSUBARA [1] made the observation that the statistical average of an operator A,

$$\langle A \rangle = Z^{-1}(\beta) \operatorname{Tr} \{A e^{-\beta \mathscr{H}}\}, \tag{1.1}$$

$$\mathscr{H} = H - \mu N, \tag{1.2}$$

$$Z(\beta) = \operatorname{Tr} \{e^{-\beta \mathscr{H}}\}, \tag{1.3}$$

$$\beta = 1/k_B T, \tag{1.4}$$

has the properties similar to the vacuum expectation value of A in quantum field theory and developed a remarkable method to compute (1.3) in which the Feynman diagram technique can be applied. However, this formulation cannot be applied to time-dependent phenomena, since the time parameter is not included. A time and temperature dependent Green's function method has been formulated and been widely used by many authors [2] in statistical mechanics. It was pointed out [3] that the causal Green's functions are not useful in statistical mechanics, since they cannot be analytically continued into the complex plane. Hence it was believed that the analogy between quantum field theory and the statistical mechanics breaks down. Due to this reason, the retarded function which can be analytically continued is used. In that case, however, there are no general prescription to calculate higher order correction.
A couple of years ago, TAKAHASHI and UMEZAWA [4] formulated a theory in which the statistical average (1.1) is expressed as a vacuum expectation value in a suitably chosen

---

[1]) This work was supported by the National Research Council, Canada.

Hilbert space. There they introduced an additional field dual to the original Heisenberg fields and took into account the temperature effect through a Bogoliubov transformation between the two fields. They showed that the usual operator calculation is possible and that the Feynman diagram technique is applicable. The thermo field dynamics presents a formulation of the time and temperature dependent statistical mechanics.
In this paper, we will show that, according to the thermo field dynamics, the causal Green's functions can be obtained by a suitable limit of analytic functions and that the spectral functions of the causal Green's functions remain real in perturbation theory because of the presence of the dual field.
The program of this paper is as follows: in the next section, we briefly review the thermo field dynamics. In Section 3, the spectral representation of the two-point Green's function is obtained. In Section 4, we investigate the analytic properties of the causal function. Section 5 gives a few examples.

2. Thermo Field Dynamics

We briefly summarize the content of the thermo field dynamics [4].
Suppose that the Lagrangian density $\mathscr{L}(x)$ of the physical system is given and is a function of a Heisenberg operator $\psi(x)$:

$$\mathscr{L}(x) = \mathscr{L}\big(\psi^\dagger(x), \psi(x)\big). \tag{2.1}$$

In order to take into account the temperature effect, we introduce an auxiliary field $\tilde{\psi}(x)$ dual to $\psi(x)$. For any Heisenberg operator O, which may be a function of $\psi(x)$, a dual operator $\tilde{O}$ is introduced by the following rules;

$$\widetilde{O_1 O_2} = \tilde{O}_1 \tilde{O}_2 , \tag{2.2}$$

$$\widetilde{c_1 O_1 + c_2 O_2} = c_1{}^* \tilde{O}_1 + c_2{}^* \tilde{O}_2 , \tag{2.3}$$

where c_1 and c_2 are c-numbers and the star means a complex conjugate. The tilde operation on dual operators $\tilde{O}$ is defined as

$$\tilde{\tilde{O}} = \eta_F O , \tag{2.4}$$

where η_F is a phase factor. We choose $\eta_F = -1$ if O is fermion-like and $\eta_F = 1$ if O is boson-like[2]).
The Lagrangian for the dual field $\tilde{\psi}(x)$ is given by the rule (2.2) and (2.3):

$$\tilde{\mathscr{L}}(x) = \widetilde{\mathscr{L}\big(\psi^\dagger(x), \psi(x)\big)} = \mathscr{L}\big(\tilde{\psi}^\dagger(x)^*, \tilde{\psi}(x)^*\big)^* . \tag{2.5}$$

The total Lagrangian density $\hat{\mathscr{L}}(x)$ which determines the evolution of the whole system of $\psi(x)$ and $\tilde{\psi}(x)$ is given by

$$\hat{\mathscr{L}}(x) = \mathscr{L}(x) - \tilde{\mathscr{L}}(x) . \tag{2.6}$$

The total Hamiltonian $\hat{H}$ is also given by

$$\hat{H} = H - \tilde{H} . \tag{2.7}$$

[2]) The choice $\eta_F = 1$ for both boson and fermion seems to be possible. However, to make the thermo field dynamics identical to the statistical mechanics of a free particle gas, we find the choice for η_F as in the text.

By use of the variation principle, we get the equations of motion for $\psi(x)$ and $\tilde{\psi}(x)$, which are written as

$$\Lambda(\partial)\,\psi(x) = j\big(\psi^\dagger(x),\,\psi(x)\big), \tag{2.8a}$$

$$\Lambda^*(\partial)\,\tilde{\psi}(x) = j\big(\tilde{\psi}^\dagger(x)^*,\,\tilde{\psi}(x)^*\big)^*. \tag{2.8b}$$

We notice that $\psi(x)$ and $\tilde{\psi}(x)^*$ satisfy the same wave equation because of the definition of the tilde operation.

Though $\psi(x)$ and $\tilde{\psi}(x)$ satisfy independent equation (2.8a, b), they can be mixed through the boundary conditions. In other words, the temperature effect is taken into account by choosing a suitable ground state (vacuum state). We assume that the quasi-particle picture is good and that in the infinite past $\psi(x)$ and $\tilde{\psi}(x)$ approach quasi-particle fields $\phi(x)$ and $\tilde{\phi}(x)$:

$$\psi(x) \xrightarrow[t\to-\infty]{} Z^{1/2}(-i\nabla)\,\phi(x), \tag{2.9a}$$

$$\tilde{\psi}(x) \xrightarrow[t\to-\infty]{} Z^{1/2}(-i\nabla)^*\,\tilde{\phi}(x), \tag{2.9b}$$

where $\phi(x)$ and $\tilde{\phi}(x)$ satisfy free field equations

$$\Lambda(\partial)\,\phi(x) = 0, \tag{2.10a}$$

$$\Lambda(\partial)^*\,\tilde{\phi}(x) = 0. \tag{2.10b}$$

The conditions (2.9a, b) should be read according to the definition of the asymptotic limit in the L-S-Z formalism [5].

We denote the temperature dependent ground state as $|O(\beta)\rangle$. To make it clear how the thermal effects are taken into account, we begin with the simplest case

$$\Lambda(\partial) = i\,\frac{\partial}{\partial t} - \omega(-i\nabla), \qquad \omega(\boldsymbol{p}) \geqq 0. \tag{2.11}$$

Then $\phi(x)$ and $\tilde{\phi}(x)$ are expanded as

$$\phi(x) = \frac{1}{\sqrt{(2\pi)^3}}\int d^3p\,a(\boldsymbol{p})\,\exp\big(i\boldsymbol{p}\cdot\boldsymbol{x} - i\omega(\boldsymbol{p})\,t\big), \tag{2.12a}$$

$$\tilde{\phi}(x) = \frac{1}{\sqrt{(2\pi)^3}}\int d^3p\,\tilde{a}(\boldsymbol{p})\,\exp\big(-i\boldsymbol{p}\cdot\boldsymbol{x} + i\omega(\boldsymbol{p})\,t\big). \tag{2.12b}$$

However, $a(\boldsymbol{p})$ and $\tilde{a}(\boldsymbol{p})$ do not annihilate the vacuum $|O(\beta)\rangle$. In terms of the quasi-particle operators $\alpha(\boldsymbol{p})$, $\tilde{\alpha}(\boldsymbol{p})$, which do annihilate the vacuum,

$$\alpha(\boldsymbol{p})\,|O(\beta)\rangle = \tilde{\alpha}(\boldsymbol{p})\,|O(\beta)\rangle = 0, \tag{2.13}$$

and satisfy the well-known commutation relation

$$[\alpha(\boldsymbol{p}),\,\alpha^\dagger(\boldsymbol{p}')]_\pm = \delta(\boldsymbol{p} - \boldsymbol{p}') \tag{2.14a}$$

$$[\tilde{\alpha}(\boldsymbol{p}),\,\tilde{\alpha}^\dagger(\boldsymbol{p}')]_\pm = \delta(\boldsymbol{p} - \boldsymbol{p}'), \tag{2.14b}$$

$a(\boldsymbol{p})$ and $\tilde{a}(\boldsymbol{p})$ are expressed as [6]

$$a(\boldsymbol{p}) = f\big(\omega(\boldsymbol{p})\big)\,\alpha(\boldsymbol{p}) + g\big(\omega(\boldsymbol{p})\big)\,\tilde{\alpha}^\dagger(\boldsymbol{p}), \tag{2.15a}$$

$$\tilde{a}(\boldsymbol{p}) = f\big(\omega(\boldsymbol{p})\big)\,\alpha(\boldsymbol{p}) + \eta_F g\big(\omega(\boldsymbol{p})\big)\,\alpha^\dagger(\boldsymbol{p}), \tag{2.15b}$$

with

$$f^2(\omega(\boldsymbol{p})) = \frac{e^{\beta\omega(\boldsymbol{p})}}{e^{\beta\omega(\boldsymbol{p})} - \eta_F}, \qquad g^2(\omega(\boldsymbol{p})) = \frac{1}{e^{\beta\omega(\boldsymbol{p})} - \eta_F}. \tag{2.16}$$

The Hilbert space is constructed from the cyclic operation of $\alpha^\dagger(\boldsymbol{p})$ and $\tilde{\alpha}^\dagger(\boldsymbol{p})$ on $|O(\beta)\rangle$[3]. The thermal effects is included in the boundary condition (2.9a, b) with (2.12a, b) and (2.15a, b).

In the case of fermions, situation can be more involved since $\omega(\boldsymbol{p})$ can have both positive and negative value depending on $\boldsymbol{p}$. When this happens, we must modify the above consideration in the following way. The operator $\phi(x)$ is expanded as

$$\phi(x) = \frac{1}{\sqrt{(2\pi)^3}} \int d^3p \{a(\boldsymbol{p})\, \theta(\omega(\boldsymbol{p})) + b^\dagger(\boldsymbol{p})\, \theta(-\omega(\boldsymbol{p}))\} \exp\left(-i\omega(\boldsymbol{p})\, t + i\boldsymbol{p}\cdot\boldsymbol{x}\right), \tag{2.17}$$

where

$$a(\boldsymbol{p}) = a(\beta, \boldsymbol{p})\, c(\omega(\boldsymbol{p})) + \tilde{a}^\dagger(\beta, \boldsymbol{p})\, d(\omega(\boldsymbol{p})) \tag{2.18a}$$

$$b(\boldsymbol{p}) = b(\beta, \boldsymbol{p})\, c(|\omega(\boldsymbol{p})|) - \tilde{b}^\dagger(\beta, \boldsymbol{p})\, d(|\omega(\boldsymbol{p})|) \tag{2.18b}$$

with

$$a(\beta, \boldsymbol{p})\, |O(\beta)\rangle = b(\beta, \boldsymbol{p})\, |O(\beta)\rangle = 0 \tag{2.19a}$$

$$\tilde{a}(\beta, \boldsymbol{p})\, |O(\beta)\rangle = \tilde{b}(\beta, \boldsymbol{p})\, |O(\beta)\rangle = 0, \tag{2.19b}$$

where

$$c^2(\omega(\boldsymbol{p})) = \frac{e^{\beta\omega(\boldsymbol{p})}}{e^{\beta\omega(\boldsymbol{p})} + 1}, \quad d^2(\omega(\boldsymbol{p})) = \frac{1}{e^{\beta\omega(\boldsymbol{p})} + 1}. \tag{2.20}$$

The Hilbert space is constructed by cyclic operation of $a^\dagger(\beta, \boldsymbol{p})$, $\tilde{a}^\dagger(\beta, \boldsymbol{p})$, $b^\dagger(\beta, p)$ and $\tilde{b}^\dagger(\beta, \boldsymbol{p})$ on $|O(\beta)\rangle$. The reason why the sign in front of $\tilde{a}^\dagger$ and $\tilde{b}^\dagger$ in (2.18a, b) is different will become clear later. Noticing that

$$c(-\omega(\boldsymbol{p})) = d(\omega(\boldsymbol{p})), \qquad d(-\omega(\boldsymbol{p})) = c(\omega(\boldsymbol{p})), \tag{2.21}$$

we introduce the operators

$$\alpha(\boldsymbol{p}) = a(\beta, \boldsymbol{p})\, \theta(\omega(\boldsymbol{p})) - \tilde{b}(\beta, \boldsymbol{p})\, \theta(-\omega(\boldsymbol{p})), \tag{2.22a}$$

$$\tilde{\alpha}^\dagger(\boldsymbol{p}) = \tilde{a}^\dagger(\beta, \boldsymbol{p})\, \theta(\omega(\boldsymbol{p})) + b^\dagger(\beta, \boldsymbol{p})\, \theta(-\omega(\boldsymbol{p})), \tag{2.22b}$$

which satisfy

$$\{\alpha(\boldsymbol{p}), \alpha^\dagger(\boldsymbol{p}')\} = \{\tilde{\alpha}(\boldsymbol{p}), \tilde{\alpha}^\dagger(\boldsymbol{p}')\} = \delta(\boldsymbol{p} - \boldsymbol{p}'). \tag{2.23}$$

Then we have

$$\phi(x) = \frac{1}{\sqrt{(2\pi)^3}} \int d^3p \{\alpha(\boldsymbol{p})\, c(\omega(\boldsymbol{p})) + \tilde{\alpha}^\dagger(\boldsymbol{p})\, d(\omega(\boldsymbol{p}))\} \exp\left(-i\omega(\boldsymbol{p})\, t + i\boldsymbol{p}\cdot\boldsymbol{x}\right), \tag{2.24a}$$

$$\tilde{\phi}(x) = \frac{1}{\sqrt{(2\pi)^3}} \int d^3p \{\alpha(\boldsymbol{p})\, c(\omega(\boldsymbol{p})) - \alpha^\dagger(\boldsymbol{p})\, d(\omega(\boldsymbol{p}))\} \exp\left(i\omega(\boldsymbol{p})\, t - i\boldsymbol{p}\cdot\boldsymbol{x}\right). \tag{2.24b}$$

The difference of the sign in (2.18a, b) is consistent with the tilde operation on $\alpha(\boldsymbol{p})$ and $\tilde{\alpha}(\boldsymbol{p})$.

---

[3]) This space is called the Gelfand-Naimark-Segal representation space.

Now we calculate the Green's functions. The causal, retarded and advanced Green's functions are defined respectively by

$$G_c^{\alpha\beta}(x-y) = \theta(x_0-y_0)\,\langle O(\beta)|\,\phi^\alpha(x)\,\phi^{\beta\dagger}(y)\,|O(\beta)\rangle$$
$$\mp\,\theta(y_0-x_0)\,\langle O(\beta)|\,\phi^{\beta\dagger}(y)\,\phi^\alpha(x)\,|O(\beta)\rangle, \tag{2.25a}$$

$$G_r^{\alpha\beta}(x-y) = \theta(x_0-y_0)\,\langle O(\beta)|\,[\phi^\alpha(x),\phi^{\beta\dagger}(y)]_\pm\,|O(\beta)\rangle, \tag{2.25b}$$

$$G_a^{\alpha\beta}(x-y) = -\theta(y_0-x_0)\,\langle O(\beta)|\,[\phi^\alpha(x),\phi^{\beta\dagger}(y)]_\pm\,|O(\beta)\rangle, \tag{2.25c}$$

where the upper sign is for fermion and the lower sign is for boson. The momentum representation[4]) is defined as

$$G_r^{\alpha\beta}(x-y) = \frac{i}{(2\pi)^4}\int d^4p\,\exp\big(-ip(x-y)\big)\,G_r^{\alpha\beta}(p). \tag{2.26}$$

We shall begin with the simplest case:
Case F_1) a fermion field with $\Lambda(\partial) = i\,\partial/\partial t - \omega(-i\nabla)$.
To simplify our notation, we introduce the doublet notation

$$\begin{pmatrix}\phi^1(x)\\ \phi^2(x)\end{pmatrix} = \begin{pmatrix}\phi(x)\\ \tilde\phi^\dagger(x)\end{pmatrix}. \tag{2.27}$$

Denoting the momentum representation of Green's function as $S^{\alpha\beta}(p)$, we have from (2.24a, b)

$$S_c^{\alpha\beta}(p) = \begin{pmatrix} \dfrac{c^2(\omega(\boldsymbol p))}{p_0-\omega(\boldsymbol p)+i\delta} + \dfrac{d^2(\omega(\boldsymbol p))}{p_0-\omega(\boldsymbol p)-i\delta}, & \dfrac{-c(\omega(\boldsymbol p))\,d(\omega(\boldsymbol p))}{p_0-\omega(\boldsymbol p)+i\delta} + \dfrac{c(\omega(\boldsymbol p))\,d(\omega(\boldsymbol p))}{p_0-\omega(\boldsymbol p)-i\delta} \\ \dfrac{-c(\omega(\boldsymbol p))\,d(\omega(\boldsymbol p))}{p_0-\omega(\boldsymbol p)+i\delta} + \dfrac{c(\omega(\boldsymbol p))\,d(\omega(\boldsymbol p))}{p_0-\omega(\boldsymbol p)-i\delta}, & \dfrac{d^2(\omega(\boldsymbol p))}{p_0-\omega(\boldsymbol p)+i\delta} + \dfrac{c^2(\omega(\boldsymbol p))}{p_0-\omega(\boldsymbol p)-i\delta} \end{pmatrix}$$

$$= U(\omega(\boldsymbol p))\begin{pmatrix} \dfrac{1}{p_0-\omega(\boldsymbol p)+i\delta} & 0 \\ 0 & \dfrac{1}{p_0-\omega(\boldsymbol p)-i\delta}\end{pmatrix} U^\dagger(\omega(\boldsymbol p)) \tag{2.28}$$

with

$$U(\omega(\boldsymbol p)) = \begin{pmatrix} c(\omega(\boldsymbol p)), & d(\omega(\boldsymbol p)) \\ -d(\omega(\boldsymbol p)), & c(\omega(\boldsymbol p))\end{pmatrix}. \tag{2.29}$$

The retarded and advanced Green's functions are simply given by

$$S_r^{\alpha\beta}(p) = \frac{\delta^{\alpha\beta}}{p_0-\omega(\boldsymbol p)+i\delta}, \tag{2.30a}$$

$$S_a^{\alpha\beta}(p) = \frac{\delta^{\alpha\beta}}{p_0-\omega(\boldsymbol p)-i\delta}. \tag{2.30b}$$

---

[4]) Here we assumed that the system is homogeneous in space and time. If the system has a lattice structure, the right hand side of (2.26) is modified as

$$\frac{i}{(2\pi)^4}\int dp_0\exp\big(-ip_0(x_0-y_0)\big)\int_{\text{1 st Brillouin zone}} d^3p\,\exp\big(i\boldsymbol p(\boldsymbol x-\boldsymbol y)\big)\sum_n \exp\big(i\boldsymbol k_n(\boldsymbol x+\boldsymbol y)/2\big)\,G_r^{\alpha\beta}(n,p),$$

where $\boldsymbol k_n\cdot\boldsymbol d = 2n\pi$ with $\boldsymbol d$ being lattice vector.

Note that $S_c(p)$ is not diagonal but $S_{r,a}(p)$ are diagonal.
Case B_1) a boson field with $\Lambda(\partial) = i\,\partial/\partial t - \omega(-i\nabla)$.
In this case $\omega(\boldsymbol{p})$ must be positive definite. Then $\phi(x)$ and $\tilde{\phi}(x)$ are expanded according to (2.15a, b) with $\eta_F = 1$. Again introduce the doublet notation

$$\begin{pmatrix}\phi^1(x)\\ \phi^2(x)\end{pmatrix} = \begin{pmatrix}\phi(x)\\ \tilde{\phi}^\dagger(x)\end{pmatrix}. \tag{2.31}$$

We denote the boson Green's functions as $\Delta_r^{\alpha\beta}(p)$ and $f(\omega)$, $g(\omega)$ in (2.16) with $\eta_F = 1$ as $c_B{}^2(x)$, $d_B{}^2(\omega)$:

$$c_B{}^2(\omega) = \frac{e^{\beta\omega}}{e^{\beta\omega}-1}, \qquad d_B{}^2(\omega) = \frac{1}{e^{\beta\omega}-1}. \tag{2.32}$$

Then we get

$$\Delta_c{}^{\alpha\beta}(p) = \begin{pmatrix} \dfrac{c_B{}^2(\omega(\boldsymbol{p}))}{p_0-\omega(\boldsymbol{p})+i\delta} - \dfrac{d_B{}^2(\omega(\boldsymbol{p}))}{p_0-\omega(\boldsymbol{p})-i\delta}, & \dfrac{c_B(\omega(\boldsymbol{p}))\,d_B(\omega(\boldsymbol{p}))}{p_0-\omega(\boldsymbol{p})+i\delta} - \dfrac{c_B(\omega(\boldsymbol{p}))\,d_B(\omega(\boldsymbol{p}))}{p_0-\omega_B(\boldsymbol{p})-i\delta} \\ \dfrac{c_B(\omega(\boldsymbol{p}))\,d_B(\omega(\boldsymbol{p}))}{p_0-\omega(\boldsymbol{p})+i\delta} - \dfrac{c_B(\omega(\boldsymbol{p}))\,d_B(\omega(\boldsymbol{p}))}{p_0-\omega(\boldsymbol{p})-i\delta}, & \dfrac{d_B{}^2(\omega(\boldsymbol{p}))}{p_0-\omega(\boldsymbol{p})+i\delta} - \dfrac{c_B{}^2(\omega(\boldsymbol{p}))}{p_0-\omega(\boldsymbol{p})-i\delta} \end{pmatrix}$$

$$= U_B(\omega(\boldsymbol{p})) \begin{pmatrix} \dfrac{1}{p_0-\omega(\boldsymbol{p})+i\delta} & 0 \\ 0 & \dfrac{-1}{p_0-\omega_B(\boldsymbol{p})-i\delta} \end{pmatrix} U_B{}^\dagger(\omega(\boldsymbol{p})) \tag{2.33}$$

with

$$U_B(\omega) = \begin{pmatrix} c_B(\omega) & d_B(\omega) \\ d_B(\omega) & c_B(\omega) \end{pmatrix}, \tag{2.34}$$

and

$$\Delta_r{}^{\alpha\beta}(p) = \frac{\tau_3{}^{\alpha\beta}}{p_0-\omega(\boldsymbol{p})+i\delta}, \qquad \Delta_a{}^{\alpha\beta}(p) = \frac{\tau_3{}^{\alpha\beta}}{p_0-\omega(\boldsymbol{p})-i\delta}. \tag{2.35}$$

Here

$$\tau_3 = \begin{pmatrix} 1 & 0 \\ 0 & -1 \end{pmatrix}.$$

We shall now study a slightly more complicated case of boson;
Case B_2) a boson field with $\Lambda(\partial) = (i\partial/\partial t)^2 - \omega(-i\nabla)^2$.
Without loss of generality we can assume that ϕ is real, i.e. $\phi^\dagger(x) = \phi(x)$. This is because any complex field is a linear combination of real fields. The quasi-fields $\phi(x)$ and $\tilde{\phi}(x)$ are expanded as

$$\phi(x) = \frac{1}{\sqrt{(2\pi)^3}} \int \frac{d^3p}{\sqrt{2\omega(\boldsymbol{p})}} \left\{b(\boldsymbol{p}) \exp\left(i\boldsymbol{p}\cdot\boldsymbol{x} - i\omega(\boldsymbol{p})\,t\right) + b^\dagger(\boldsymbol{p}) \exp\left(-i\boldsymbol{p}\boldsymbol{x} + i\omega(\boldsymbol{p})\,t\right)\right\} \tag{2.36a}$$

$$\tilde{\phi}(x) = \frac{1}{\sqrt{(2\pi)^3}} \int \frac{d^3p}{\sqrt{2\omega(\boldsymbol{p})}} \left\{\tilde{b}(\boldsymbol{p}) \exp\left(-i\boldsymbol{p}\cdot\boldsymbol{x} + i\omega(\boldsymbol{p})\,t\right) + \tilde{b}^\dagger(\boldsymbol{p}) \exp\left(i\boldsymbol{p}\cdot\boldsymbol{x} - i\omega(\boldsymbol{p})\,r\right)\right\}, \tag{2.36b}$$

where

$$b(\boldsymbol{p}) = c_B(\omega(\boldsymbol{p}))\,B(\boldsymbol{p}) + d_B(\omega(\boldsymbol{p}))\,\tilde{B}^\dagger(\boldsymbol{p}), \tag{2.37a}$$

$$\tilde{b}(\boldsymbol{p}) = c_B(\omega(\boldsymbol{p}))\,\tilde{B}(\boldsymbol{p}) + d_B(\omega(\boldsymbol{p}))\,B^\dagger(\boldsymbol{p}), \tag{2.37b}$$

with

$$[B(\boldsymbol{p}), B^\dagger(\boldsymbol{p}')] = [\tilde{B}(\boldsymbol{p}), \tilde{B}^\dagger(\boldsymbol{p}')] = \delta(\boldsymbol{p} - \boldsymbol{p}'). \tag{2.38}$$

We introduce the doublet notation:

$$\begin{pmatrix} \phi^1(x) \\ \phi^2(x) \end{pmatrix} = \begin{pmatrix} \phi(x) \\ \tilde{\phi}(x) \end{pmatrix}. \tag{2.39}$$

Then the causal, retarded and advanced Green's function are given as

$$\Delta_c^{\alpha\beta}(p) = U_B(\omega(\boldsymbol{p})) \begin{pmatrix} \dfrac{1}{p_0^2 - (\omega(\boldsymbol{p}) - i\delta)^2} & 0 \\ 0 & \dfrac{-1}{p_0^2 - (\omega(\boldsymbol{p}) + i\delta)^2} \end{pmatrix} U_B^\dagger(\omega(\boldsymbol{p})), \tag{2.40a}$$

$$\Delta_r^{\alpha\beta}(p) = \frac{1}{p_0^2 - (\omega(\boldsymbol{p}) - i\delta)^2} \tau_3^{\alpha\beta}, \tag{2.40b}$$

$$\Delta_a^{\alpha\beta}(p) = \frac{1}{p_0^2 - (\omega(\boldsymbol{p}) + i\delta)^2} \tau_3^{\alpha\beta}. \tag{2.40c}$$

The $c_B(\omega)$, $d_B(\omega)$ and $U_B(\omega)$ are those given in (2.32) and (2.34).
Let us now turn our attention to the Heisenberg equations (2.8a, b). By use of the retarded Green's function, the solutions satisfying (2.9a, b) are obtained as

$$\psi(x) = Z^{1/2}(-i\nabla)\, \phi(x) + \int d^4y\, G_r^{11}(x-y)\, j(\psi^\dagger(x), \psi(x)) \tag{2.41a}$$

$$\tilde{\psi}^\dagger(x) = Z^{1/2}(-i\nabla)\, \tilde{\phi}^\dagger(x) + \int d^4y\, G_r^{22}(x-y) \left[j(\tilde{\psi}^{\dagger *}(x), \tilde{\psi}^*(x))^*\right]^\dagger, \tag{2.41b}$$

where $\phi(x)$ and $\tilde{\phi}(x)$ are given by (2.12a, b), for example. The temperature effect is included in (2.15a, b). Since $\psi(x)$ and $\tilde{\psi}(x)$ do not mix when one solves (2.41a, b) with respect to $\phi(x)$ and $\tilde{\phi}(x)$, $\psi(x)$ can be expanded in normal products of $a(\boldsymbol{k})$ and $a^\dagger(\boldsymbol{k})$ only:

$$\psi(x) = \sum_{\substack{k_1 \cdots k_n \\ q_1 \cdots q_n}} \mathscr{I}(x; k_1 \cdots k_n;\; q_1 \cdots q_m)\, a^\dagger(k_1) \cdots a^\dagger(k_n)\, a(q_1) \cdots a(q_m). \tag{2.42}$$

Because of the tilde symmetry, $\tilde{\psi}(x)$ has the form

$$\tilde{\psi}(x) = \sum_{\substack{k_1 \cdots k_n \\ q_1 \cdots q_n}} \mathscr{I}(x; k_1 \cdots k_n; q_1 \cdots q_m)\, \tilde{a}^\dagger(k_1) \cdots \tilde{a}^\dagger(k_n)\, \tilde{a}(q_1) \cdots \tilde{a}(q_m). \tag{2.43}$$

From (2.15a, b), we have

$$f(\omega(\boldsymbol{p}))\, a(\boldsymbol{p})\, |O(\beta)\rangle = g(\omega(\boldsymbol{p}))\, \tilde{a}^\dagger(\boldsymbol{p})\, |O(\beta)\rangle \tag{2.44a}$$

$$g(\omega(\boldsymbol{p}))\, a^\dagger(\boldsymbol{p})\, |O(\beta)\rangle = \eta_F f(\omega(\boldsymbol{p}))\, \tilde{a}(\boldsymbol{p})\, |O(\beta)\rangle, \tag{2.44b}$$

and

$$[a, \tilde{a}]_\pm = [a, \tilde{a}^\dagger]_\pm = [a^\dagger, \tilde{a}]_\pm = [a^\dagger, \tilde{a}^\dagger]_\pm = 0. \tag{2.45}$$

By the use of (2.44a, b) and (2.45), we can prove [4]

$$e^{\beta\tilde{H}/2}\psi(x)\, |O(\beta)\rangle = (-)^{(F+1)F/2}\, e^{\beta H/2}\tilde{\psi}^\dagger(x)\, |O(\beta)\rangle \tag{2.46a}$$

$$\langle O(\beta)|\, \psi(x)\, e^{\beta\tilde{H}/2} = \langle O(\beta)|\, \tilde{\psi}^\dagger(x)\, e^{\beta H/2}(-)^{F(F+1)/2}, \tag{2.46b}$$

where

$$H = \sum_{p} \omega(p)\, a^{\dagger}(p)\, a(p),$$

$$\tilde{H} = \sum_{p} \omega(p)\, \tilde{a}^{\dagger}(p)\, \tilde{a}(p),$$

$$H - \tilde{H} = \sum_{p} \omega(p) \left(\alpha^{\dagger}(p)\, \alpha(p) - \tilde{\alpha}^{\dagger}(p)\, \tilde{\alpha}(p)\right),$$

and F is the fermion number,

$$F = \sum_{p} \left(a^{\dagger}(p)\, a(p) - \tilde{a}^{\dagger}(p)\, \tilde{a}(p)\right).$$

If we use the definition of the tilde operation, we have the relation between matrix elements of $\psi(x)$ and $\tilde{\psi}(x)$. Let us denote by $|n, \tilde{m}\rangle$ a temperature dependent state vector, which is constructed by the n times cyclic operation of $\alpha^{\dagger}(k)$ and m times cyclic operation of $\tilde{\alpha}^{\dagger}(k)$ on $|O(\beta)\rangle$. Then

$$\langle n, \tilde{m}|\, \psi(x)\, |n', \tilde{m}'\rangle = \langle \tilde{n}, \tilde{\tilde{m}}|\, \tilde{\psi}(x)\, |\tilde{n}', \tilde{\tilde{m}}'\rangle^{*} = (-)^{F_m - F_{m'}} \langle \tilde{n}, m|\, \tilde{\psi}(x)\, |\tilde{n}', m'\rangle^{*}, \quad (2.47)$$

where F_m is the fermion number of $|\tilde{m}\rangle$. The relations (2.46a, b) and (2.47) are used to obtain the spectral representation of propagators in the next section.

3. The Spectral Representation of the Two-Point Green's Function

In this section we obtain the spectral representation of two point Green's functions. We consider a fermion field $\psi(x)$ of the F_1-type, charged boson $B(x)$ $\left(B(x)^{\dagger} \neq B(x)\right)$ of the B_1-type, and a real boson $\phi(x)$ $\left(\phi^{\dagger}(x) = \phi(x)\right)$ of the B_2-type separately. Similarly to the free field case discussed in the previous section, we introduce the doublet notation

$$\left(\psi^{\alpha}(x)\right) = \begin{pmatrix} \psi(x) \\ \tilde{\psi}^{\dagger}(x) \end{pmatrix}, \quad \left(B^{\alpha}(x)\right) = \begin{pmatrix} B(x) \\ \tilde{B}^{\dagger}(x) \end{pmatrix}, \quad \left(\phi^{\alpha}(x)\right) = \begin{pmatrix} \phi(x) \\ \tilde{\phi}(x) \end{pmatrix}. \quad (3.1)$$

The causal, retarded and advanced Green's function are defined similarly to (2.25a, b, c). Corresponding to $\psi^{\alpha}(x)$, $B^{\alpha}(x)$ and $\phi^{\alpha}(x)$, we denote the momentum representation of propagators as $S_{\prime}{}^{\alpha\beta'}(p)$, $\Delta_{B\prime}^{\alpha\beta}(p)$, $\Delta_{\prime}{}^{\alpha\beta'}(p)$ respectively.

A) The case of a fermion of the F_1-type.
Using the formula

$$\theta(x_0 - y_0) = \frac{i}{2\pi} \int d\omega\, \frac{\exp\left(-i\omega(x_0 - y_0)\right)}{\omega + i\delta}, \quad (3.2)$$

and inserting the complete set $\sum_{n,m} |n, \tilde{m}\rangle \langle \tilde{m}, n|$ between operators, we have

$$S_c{}^{\alpha\beta'}(p) = \int_{-\infty}^{+\infty} dw \left[\frac{\sigma_1{}^{\alpha\beta}(w, p)}{p_0 - w + i\delta} + \frac{\sigma_2{}^{\alpha\beta}(w, p)}{p_0 - w - i\delta}\right] \quad (3.3)$$

with

$$\sigma_1{}^{\alpha\beta}(p) = (2\pi)^3 \sum_{n,m} \langle O(\beta)|\, \psi^{\alpha}(0)\, |n, \tilde{m}\rangle \langle \tilde{m}, n|\, \psi^{\beta\dagger}(0)\, |O(\beta)\rangle\, \delta\left(p - (p_n - p_m)\right), \quad (3.4\text{a})$$

$$\sigma_2{}^{\alpha\beta}(p) = (2\pi)^3 \sum_{n,m} \langle O(\beta)|\, \psi^{\beta\dagger}(0)\, |n, \tilde{m}\rangle \langle \tilde{m}, n|\, \psi^{\alpha}(0)\, |O(\beta)\rangle\, \delta\left(-p - (p_n - p_m)\right). \quad (3.4\text{b})$$

Here we have used the fact that the energy and momentum operators are given by

$$\hat{H} = \int d^3p\, \omega(\boldsymbol{p}) \left(\alpha^\dagger(\boldsymbol{p})\, \alpha(\boldsymbol{p}) - \tilde{\alpha}^\dagger(\boldsymbol{p})\, \tilde{\alpha}(\boldsymbol{p})\right) \tag{3.5a}$$

$$\hat{\boldsymbol{p}} = \int d^3p\, \boldsymbol{p} \left(\alpha^\dagger(\boldsymbol{p})\, \alpha(\boldsymbol{p}) - \tilde{\alpha}^\dagger(\boldsymbol{p})\, \tilde{\alpha}(\boldsymbol{p})\right). \tag{3.5b}$$

Eqn. (3.3) is rewritten in a more compact form, when one uses eqns. (2.46a, b) and (2.47). Noticing that $F = -1$ in (2.46a, b) we have

$$e^{\beta(\tilde{H}-H)/2}\psi(0)\, |O(\beta)\rangle = \tilde{\psi}^\dagger(0)\, |O(\beta)\rangle \tag{3.6a}$$

$$\langle O(\beta)|\, \psi(0)\, e^{\beta(\tilde{H}-H)/2} = -\langle O(\beta)|\, \tilde{\psi}^\dagger(0) \tag{3.6b}$$

$$\langle n, \tilde{m}|\, \psi(0)\, |n', \tilde{m}'\rangle = (-)^{F_m - F_{m'}} \langle \tilde{n}, m|\, \tilde{\psi}(0)\, |\tilde{n}', m'\rangle^*. \tag{3.6c}$$

Then one can easily derive the relations

$$\langle O(\beta)|\, \tilde{\psi}^\dagger(0)\, |n, \tilde{m}\rangle = -e^{\beta(E_m - E_n)/2} \langle O(\beta)\, |\psi(0)|\, n, \tilde{m}\rangle, \tag{3.7a}$$

$$\langle O(\beta)|\, \psi^\dagger(0)\, |n, \tilde{m}\rangle = -(-)^{F_m}\, e^{\beta(E_n - E_m)/2} \langle O(\beta)|\, \psi(0)\, |\tilde{n}, m\rangle^*, \tag{3.7b}$$

$$\langle O(\beta)|\, \tilde{\psi}(0)\, |n, \tilde{m}\rangle = -(-)^{F_m} \langle O(\beta)|\, \psi(0)\, |\tilde{n}, m\rangle^* \tag{3.7c}$$

$$\langle \tilde{m}, n|\, \tilde{\psi}(0)\, |O(\beta)\rangle = -e^{\beta(E_m - E_n)/2} \langle O(\beta)|\, \psi(0)\, |\tilde{n}, m\rangle^* \tag{3.7d}$$

$$\langle \tilde{m}, n|\, \psi(0)\, |O(\beta)\rangle = -(-)^{F_m}\, e^{\beta(E_n - E_m)/2} \langle O(\beta)|\, \psi(0)\, |\tilde{n}, m\rangle \tag{3.7e}$$

$$\langle \tilde{m}, n|\, \tilde{\psi}^\dagger(0)\, |O(\beta)\rangle = -(-)^{F_m} \langle O(\beta)|\, \psi(0)\, |\tilde{n}, m\rangle. \tag{3.7f}$$

Then $\sigma_1{}^{\alpha\beta}(p)$ and $\sigma_2{}^{\alpha\beta}(p)$ are expressed as

$$\left(\sigma_1{}^{\alpha\beta}(p)\right) = (2\pi)^3 \sum_{n,m} \delta\left(p - (p_n - p_m)\right) |\langle O(\beta)|\, \psi(0)\, |n, \tilde{m}\rangle|^2 \begin{pmatrix} 1 & -e^{\beta(E_m - E_n)/2} \\ -e^{\beta(E_m - E_n)/2} & e^{\beta(E_m - E_n)} \end{pmatrix}, \tag{3.8a}$$

$$\left(\sigma_2{}^{\alpha\beta}(p)\right) = (2\pi)^3 \sum_{m,n} \delta\left(p + (p_m - p_n)\right) |\langle O(\beta)|\, \psi(0)\, |\tilde{m}, n\rangle|^2 \begin{pmatrix} e^{\beta(E_m - E_n)}, & e^{\beta(E_m - E_n)/2} \\ e^{\beta(E_m - E_n)/2}, & 1 \end{pmatrix}. \tag{3.8b}$$

If we define

$$\sigma(p) = (2\pi)^3\, (1 + e^{-\beta p_0}) \sum_{n,m} \delta\left(p - (p_n - p_m)\right) |\langle O(\beta)|\, \psi(0)\, |n, \tilde{m}\rangle|^2, \tag{3.9}$$

we have

$$\left(\sigma_1{}^{\alpha\beta}(p)\right) = \sigma(p) \begin{pmatrix} c^2(p_0) & -c(p_0)\, d(p_0) \\ -c(p_0)\, d(p_0) & d^2(p_0) \end{pmatrix}, \tag{3.10a}$$

$$\left(\sigma_2{}^{\alpha\beta}(p)\right) = \sigma(p) \begin{pmatrix} d^2(p_0) & c(p_0)\, d(p_0) \\ c(p_0)\, d(p_0) & c^2(p_0) \end{pmatrix}, \tag{3.10b}$$

with

$$c^2(p_0) = \frac{e^{\beta p_0}}{e^{\beta p_0} + 1}, \qquad d^2(p_0) = \frac{1}{e^{\beta p_0} + 1}. \tag{3.11}$$

Note that $\sigma(p)$ is positive definite. If $\psi(x)$ and $\psi^\dagger(x)$ satisfy the equal time commutation relation

$$\{\psi(t, \boldsymbol{x}), \psi^\dagger(t, \boldsymbol{y})\} = \delta(\boldsymbol{x} - \boldsymbol{y}), \tag{3.12}$$

$\sigma(p)$ satisfies

$$\int_{-\infty}^{+\infty} dp_0 \sigma(p_0, \boldsymbol{p}) = 1. \tag{3.13}$$

Now substituting (3.10a, b) into (3.3), we have

$$S_c^{\alpha\beta'}(p)$$

$$= \int_{\infty}^{+\infty} dw\sigma(w, \mathbf{p}) \begin{pmatrix} \frac{c^2(\omega)}{p_0 - w + i\delta} + \frac{d^2(\omega)}{p_0 - w - i\delta}, & -\frac{c(\omega)\,d(\omega)}{p_0 - w + i\delta} + \frac{c(\omega)\,d(w)}{p_0 - w - i\delta} \\ -\frac{c(\omega)\,d(\omega)}{p_0 - w + i\delta} + \frac{c(\omega)\,d(w)}{p_0 - w - i\delta}, & \frac{d^2(\omega)}{p_0 - w + i\delta} + \frac{c^2(w)}{p_0 - w - i\delta} \end{pmatrix}$$

$$= \int_{-\infty}^{+\infty} dw\sigma(w, \mathbf{p})\, U(w) \begin{pmatrix} \frac{1}{p_0 - w + i\delta} & 0 \\ 0 & \frac{1}{p_0 - w - i\delta} \end{pmatrix} U^\dagger(w) \tag{3.14}$$

with

$$U(w) = \begin{pmatrix} c(\omega) & d(w) \\ -d(\omega) & c(w) \end{pmatrix}. \tag{3.15}$$

In the same way, we have

$$S_r^{\alpha\beta}(p) = \delta^{\alpha\beta} \int dw \frac{\sigma(\omega, \mathbf{p})}{p_0 - w + i\delta}, \tag{3.16a}$$

$$S_a^{\alpha\beta}(p) = \delta^{\alpha\beta} \int dw \frac{\sigma(\omega, \mathbf{p})}{p_0 - w - i\delta}. \tag{3.16b}$$

The expression of $S_c^{11}(p)$ is already given in the refs. [4, 7].

B) Charged Bosons $\left(B^\dagger(x) \neq B(x)\right)$ of the B_1-type
In a similar way as in case A), we can obtain the spectral representation of Green's functions of charged bosons.
Using the spectral function $\varrho(p)$ given by

$$\varrho(p) = (2\pi)^3\,(1 - e^{\beta p_0}) \sum_{n,m} \delta\big(p - (p_n - p_m)\big)\, |\langle O(\beta)|\, B(0)\, |n, \tilde{m}\rangle|^2, \tag{3.17}$$

$\Delta_{Bc}^{\alpha\beta'}(p)$ is expressed as

$$\Delta_{Bc}^{\alpha\beta'}(p)$$

$$= \int_{-\infty}^{+\infty} dw\varrho(w, \mathbf{p}) \begin{pmatrix} \frac{c_B^2(\omega)}{p_0 - w + i\delta} - \frac{d_B^2(\omega)}{p_0 - w - i\delta}, & \frac{c_B(\omega)\,d_B(\omega)}{p_0 - w + i\delta} - \frac{c_B(\omega)\,d_B(\omega)}{p_0 - w - i\delta} \\ \frac{c_B(\omega)\,d_B(\omega)}{p_0 - w + i\delta} - \frac{c_B(\omega)\,d_B(\omega)}{p_0 - w - i\delta}, & \frac{d_B^2(\omega)}{p_0 - w + i\delta} - \frac{c_B^2(\omega)}{p_0 - w - i\delta} \end{pmatrix}$$

$$= \int_{-\infty}^{+\infty} dw\varrho(w, \mathbf{p})\, U_B(w) \begin{pmatrix} \frac{1}{p_0 - w + i\delta} & 0 \\ 0 & \frac{-1}{p_0 - w + i\delta} \end{pmatrix} U_B^\dagger(w), \tag{3.18}$$

where

$$c_B(\omega)^2 = \frac{e^{\beta w}}{e^{\beta w}-1}, \qquad d_B^2(\omega) = \frac{1}{e^{\beta w}-1}, \tag{3.19}$$

and

$$U_B(w) = \begin{pmatrix} c_B(w), & d_B(w) \\ d_B(w), & c_B(w) \end{pmatrix}. \tag{3.20}$$

The retarded and advanced Green's functions are given respectively as

$$\Delta_{Br}^{\alpha\beta}(p) = \tau_3{}^{\alpha\beta} \int dw \varrho(w, \boldsymbol{p}) \frac{1}{p_0 - w + i\delta}, \tag{3.21 a}$$

$$\Delta_{Ba}^{\alpha\beta}(p) = \tau_3{}^{\alpha\beta} \int dw \varrho(w, \boldsymbol{p}) \frac{1}{p_0 - w - i\delta}. \tag{3.21 b}$$

Note that $\varrho(p_0, \boldsymbol{p}) \geqq 0$ when $p_0 > 0$ and $\varrho(p_0, \boldsymbol{p}) \leqq 0$ when $p_0 < 0$. The functions $c_B{}^2(w)$, $d_B{}^2(w)$, $c_B(w)\, d_B(w)$ also change the sign at $\omega = 0$. When $B(x)$ and $B^\dagger(x)$ satisfy the commutation relation

$$[B(t, \boldsymbol{x}), B^\dagger(t, \boldsymbol{y})] = \delta(\boldsymbol{x} - \boldsymbol{y}), \tag{3.22}$$

$\varrho(p)$ satisfies

$$\int_{-\infty}^{+\infty} dp_0 \varrho(p_0, \boldsymbol{p}) = 1. \tag{3.23}$$

C) The Boson $\left(\phi^\dagger(x) = \phi(x)\right)$ of the B_2-type.
As is in the case B), $\Delta_c{}^{\alpha\beta}(p)$ is given by

$$\Delta_c{}^{\alpha\beta'}(p) = \int_{-\infty}^{+\infty} dw \varrho(w, \boldsymbol{p})\, U_B(w) \begin{pmatrix} \dfrac{1}{p_0 - w + i\delta} & 0 \\ 0 & \dfrac{-1}{p_0 - w - i\delta} \end{pmatrix} U_B{}^\dagger(w), \tag{3.24}$$

with

$$\varrho(p_0, \boldsymbol{p}) = (2\pi)^3 (1 - e^{-\beta p_0}) \sum_{n,m} |\langle 0(\beta)|\, \phi(0)\, |n, \tilde{m}\rangle|^2\, \delta\big(p - (p_n - p_m)\big). \tag{3.25}$$

Because of the property $\phi^\dagger(x) = \phi(x)$, we can further rewrite (3.25). From (2.46), we have

$$\langle 0(\beta)|\, \phi(0)\, |m, \tilde{n}\rangle = (-)^{F_n} e^{\beta(E_m - E_n)/2} \langle 0(\beta)|\, \phi(0)\, |\tilde{m}, n\rangle. \tag{3.26}$$

The $\varrho(p)$ has a property

$$\begin{aligned}\varrho(-p_0, -\boldsymbol{p}) &= (2\pi)^3 (1 - e^{\beta p_0}) \sum_{n,m} |\langle 0(\beta)|\, \phi(0)\, |n, \tilde{m}\rangle|^2\, \delta\big(p + (p_n - p_m)\big) \\ &= (2\pi)^3 (1 - e^{\beta p_0}) \sum_{n,m} |\langle 0(\beta)|\, \phi(0)\, |\tilde{n}, m\rangle|^2\, e^{-\beta p_0} \delta\big(p + (p_n - p_m)\big) \\ &= (2\pi)^3 (e^{-\beta p_0} - 1) \sum_{m,n} |\langle 0(\beta)|\, \phi(0)\, |\tilde{m}, n\rangle|^2\, \delta\big(p - (p_n - p_m)\big) \\ &= -\varrho(p_0, \boldsymbol{p}).\end{aligned} \tag{3.27}$$

If the theory is space reflection invariant,

$$\varrho(p_0, \boldsymbol{p}) = \varrho(p_0, -\boldsymbol{p}). \tag{3.28}$$

Then we get

$$\Delta_c^{\alpha\beta\prime}(p) = \int_0^\infty dw\varrho(w,\boldsymbol{p}) \begin{pmatrix} \frac{c_B^2(\omega)}{p_0 - w + i\delta} - \frac{d_B^2(\omega)}{p_0 - w - i\delta}, & \frac{c_B(\omega)\,d_B(\omega)}{p_0 - w + i\delta} - \frac{c_B(\omega)\,d_B(\omega)}{p_0 - w - i\delta} \\ \frac{c_B(\omega)\,d_B(w)}{p_0 - w + i\delta} - \frac{c_B(w)\,d_B(w)}{p_0 - w - i\delta}, & \frac{d_B(w)^2}{p_0 - w + i\delta} - \frac{c_B^2(w)}{p_0 - w - i\delta} \end{pmatrix}$$

$$- \int_0^\infty dw\varrho(w,\boldsymbol{p}) \begin{pmatrix} \frac{-d_B^2(w)}{p_0 + w + i\delta} - \frac{-c_B^2(w)}{p_0 + w - i\delta}, & \frac{-c_B(\omega)\,d_B(w)}{p_0 + w + i\delta} - \frac{-c_B(w)\,d_B(\omega)}{p_0 + w - i\delta} \\ \frac{-c_B(\omega)\,d_B(w)}{p_0 + w + i\delta} - \frac{-c_B(w)\,d_B(w)}{p_0 + w - i\delta}, & \frac{-c_B(w)^2}{p_0 + w + i\delta} - \frac{-d_B^2(w)}{p_0 + w - i\delta} \end{pmatrix}$$

$$= \int_0^\infty dw\tilde{\varrho}(w,\boldsymbol{p})\, U_B(w) \begin{pmatrix} \frac{1}{p_0^2 - (w - i\delta)^2} & 0 \\ 0 & \frac{-1}{p_0^2 - (w + i\delta)^2} \end{pmatrix} U_B^\dagger(w). \tag{3.29}$$

with

$$\tilde{\varrho}(p_0, \boldsymbol{p}) = 2p_0\varrho(p_0, \boldsymbol{p}). \tag{3.30}$$

In the above, we used

$$c_B^2(-w) = -d_B^2(w), \qquad d_B^2(-w) = -c_B^2(w). \tag{3.31}$$

The retarded and advanced Green's functions are given as

$$\Delta_r^{\alpha\beta\prime}(p) = \tau_3^{\alpha\beta} \int_0^\infty dw\, \frac{\tilde{\varrho}(w,\boldsymbol{p})}{p_0^2 - (w - i\delta)^2}, \tag{3.32a}$$

$$\Delta_a^{\alpha\beta\prime}(p) = \tau_3^{\alpha\beta} \int_0^\infty dw\, \frac{\tilde{\varrho}(w,\boldsymbol{p})}{p_0^2 - (w + i\delta)^2}. \tag{3.32b}$$

4. Analytic Properties of the Causal Green's Function

Let us first note that the causal, retarded and advanced Green's functions obtained in the conventional Green's function method correspond to the 1—1 components in the present formalism: other components are the corrections due to the tilde fields, which revive the analytic property of the causal Green's functions as will be shown later. Let us therefore begin with the 1—1 components. As an example, we consider the fermion case:

$$G_c(p) = S_c^{11}(p) = \int dw\, \sigma(w,\boldsymbol{p}) \left[\frac{c^2(w)}{p_0 - w + i\delta} + \frac{d^2(w)}{p_0 - w - i\delta}\right], \tag{4.1a}$$

$$G_r(p) = S_r^{11}(p) = \int dw\, \sigma(w,\boldsymbol{p})\, \frac{1}{p_0 - w + i\delta}, \tag{4.1b}$$

$$G_a(p) = S_a^{11}(p) = \int dw\, \sigma(w,\boldsymbol{p})\, \frac{1}{p_0 - w - i\delta}. \tag{4.1c}$$

Since $G_r(p)$ and $G_a(p)$ are regarded as the boundary values of the analytic function

$$S(z, \boldsymbol{p}) = \int dw\, \sigma(w, \boldsymbol{p}) \frac{1}{z - w}, \tag{4.2}$$

$G_r(p)$ or $G_a(p)$ are frequently used in statistical mechanics. However, since the real part and the imaginary part of $G^c(p)$ satisfy the dispersion relation

$$R_e G_c(p_0, \boldsymbol{p}) = -\frac{1}{\pi} \int dw \frac{\mathscr{P}}{p_0 - w} \frac{e^{\beta w} + 1}{e^{\beta w} - 1} \operatorname{Im} G(w, \boldsymbol{p}), \tag{4.3}$$

$G_c(p_0, \boldsymbol{p})$ cannot be continued analytically into the complex p_0 plane [7] without the explicit construction of a Riemannian mani-fold.
Though $G_c(p_0, \boldsymbol{p})$ is not analytic in the limit $\delta \to 0$, it is regarded as an analytic functions of p_0 when $\delta \neq 0$, having cuts along the lines $p_0 = x \pm i\delta(-\infty < x < +\infty)$. For the explicit construction of an analytic continuation of the causal Green's function, we will consider the following functions suppressing the trivial dependence on the space variables

$$G_{\text{I}}^{+}(p_0) = -i \int dt e^{ip_0t}\, \theta(t) \langle 0(\beta)|\, \psi(t)\, \psi^{\dagger}(0)\, |0(\beta)\rangle, \tag{4.4a}$$

$$G_{\text{I}}^{-}(p_0) = i \int dt e^{ip_0t}\, \theta(-t) \langle 0(\beta)|\, \psi(t)\, \psi^{\dagger}(0)\, |0(\beta)\rangle, \tag{4.4b}$$

and

$$G_{\text{II}}^{+}(p_0) = -i \int dt e^{ip_0t}\, \theta(t) \langle 0(\beta)|\, \psi^{\dagger}(0)\, \psi(t)\, |0(\beta)\rangle, \tag{4.5a}$$

$$G_{\text{II}}^{-}(p_0) = i \int dt e^{ip_0t}\, \theta(-t) \langle 0(\beta)|\, \psi^{\dagger}(0)\, \psi(t)\, |0(\beta)\rangle. \tag{4.5b}$$

It can be easily seen that $G_{\text{I}}^{+}(p_0)$, $G_{\text{II}}^{+}(p_0)$ can be analytically continued into the upper half plane of the complex p_0 plane and $G_{\text{I}}^{-}(p_0)$, $G_{\text{II}}^{-}(p_0)$ are analytic in the lower half plane of the complex p_0 plane, since the imaginary part of p_0 gives a sufficiently convergent factor in the integrals. Using a similar procedure given in Section 3, we have

$$G_{\text{I}}^{+}(p_0) = \int dw \sigma(w) \frac{1}{p_0 - w + i\varepsilon} \frac{e^{\beta w}}{e^{\beta w} + 1}, \tag{4.6a}$$

$$G_{\text{I}}^{-}(p_0) = \int dw \sigma(w) \frac{1}{p_0 - w - i\varepsilon} \frac{e^{\beta w}}{e^{\beta w} + 1}, \tag{4.6b}$$

$$G_{\text{II}}^{+}(p_0) = \int dw \sigma(w) \frac{1}{p_0 - w + i\varepsilon} \frac{1}{e^{\beta w} + 1}, \tag{4.7a}$$

$$G_{\text{II}}^{-}(p_0) = \int dw \sigma(w) \frac{1}{p_0 - w - i\varepsilon} \frac{1}{e^{\beta w} + 1}. \tag{4.7b}$$

Then $G_{\text{I}}^{\pm}(p_0)$, $G_{\text{II}}^{\pm}(p_0)$ are regarded as the boundary functions on the real axis of the analytic functions

$$G_{\text{I}}(z) = \int dw \sigma(w) \frac{1}{z - w} \frac{e^{\beta w}}{e^{\beta w} + 1}, \tag{4.8}$$

$$G_{\text{II}}(z) = \int dw \sigma(w) \frac{1}{z - w} \frac{1}{e^{\beta w} + 1}. \tag{4.9}$$

The analytic continuation of $G_{\mathrm{I}}(z)$ into the lower half plane from the upper half plane does not lead to $G_{\mathrm{I}}^{-}(p_0)$ but leads to a second Riemann sheet. The situation is illustrated in Fig. 1. $G_{\mathrm{I}}(z)$ has two sheets. We denote $G_{\mathrm{I}}(z)$ in upper and lower plane by $G_{\mathrm{I}}^{+}(z)$ and $G_{\mathrm{I}}^{-}(z)$ respectively. The analytic continuation of $G_{\mathrm{I}}^{+}(z)$ into the lower plane gives $G_{\mathrm{I}}^{+\prime}(z)$ different from $G_{\mathrm{I}}^{-}(z)$. Expressions (4.4a, b) show the $G_{\mathrm{I}}^{\pm}(z)$ have no singularities. However, the $G_{\mathrm{I}}^{\pm\prime}(z)$ which are the analytic continuation of $G_{\mathrm{I}}^{\pm}(z)$ may have certain singularities.

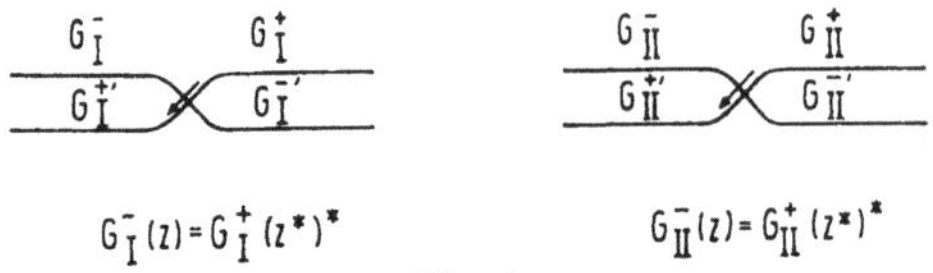

Fig. 1

Now consider the function $G_c(z, \delta)$, which is defined by

$$G_c(z, \delta) = G_{\mathrm{I}}(z + i\delta) + G_{\mathrm{II}}(z - i\delta). \tag{4.10}$$

It is obvious that $G_c(z, \delta)$ is analytic. $G_c(z, \delta)$ has three sheets as is seen in Fig. 2a and Fig. 2b. If we take the upper sheet in Fig. 2a (we call it *the physical sheet*), $G_c(z, \delta)$ is regarded as the analytic function with cuts at $z = x \pm i\delta(-\infty < x < +\infty)$ as is shown in Fig. 2b. By these cuts, the complex plane is divided into three regions (I), (II), (III). We denote $G_c(z, \delta)$ in the regions (I), (II) and (III) as $G_c^{(\mathrm{I})}(z, \delta)$, $G_c^{(\mathrm{II})}(z, \delta)$

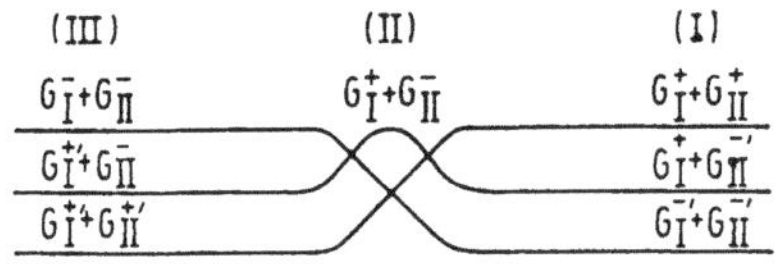

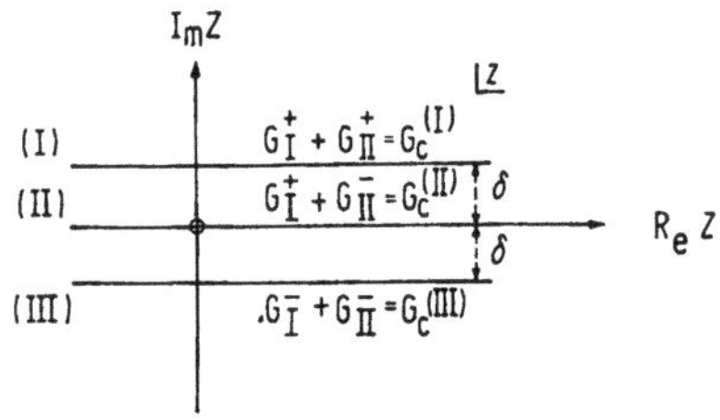

Fig. 2

and $G_c^{(\mathrm{III})}(z, \delta)$ respectively. The causal Green's function $G_c(p_0)$ is obtained from $G_c^{(\mathrm{II})}(z, \delta)$ by taking the limit $\delta \to 0$. In the limit $\delta \to 0$, the functions obtained by approaching the real axis in the regions I, II, III are given as follows:

$$G_c^{(\mathrm{I})}(x) = \mathscr{P} \int dw \, \frac{\sigma(w)}{x - w} - i\pi\sigma(x) \tag{4.11a}$$

$$G_c^{(\mathrm{II})}(x) = \mathscr{P} \int dw \, \frac{\sigma(w)}{x - w} - i\pi \, \frac{e^{\beta x} - 1}{e^{\beta x} + 1} \, \sigma(x) \tag{4.11b}$$

$$G_c^{(\mathrm{III})}(x) = \mathscr{P} \int dw \, \frac{\sigma(w)}{x - w} + i\pi\sigma(x), \tag{4.11c}$$

where $\mathscr{P}$ means the principal value. Note that $G_c^{(\mathrm{I})}(x)$ and $G_c^{(\mathrm{III})}(x)$ are nothing but the retarded and advanced Green's functions.

To illustrate the situation we shall consider an example in which the spectral function has the Lorentz form:

$$\sigma(w) = \frac{\gamma}{\pi} \frac{1}{w^2 + \gamma^2}. \tag{4.12}$$

In the limit $\delta \to 0$, we have

$$G_c^{(\mathrm{I})}(x) = \frac{x - i\gamma}{x^2 + \gamma^2}, \tag{4.13a}$$

$$G_c^{(\mathrm{II})}(x) = \frac{x}{x^2 + \gamma^2} - i \frac{e^{\beta x} - 1}{e^{\beta x} + 1} \frac{\gamma}{x^2 + \gamma^2}, \tag{4.13b}$$

$$G_c^{(\mathrm{III})}(x) = \frac{x + i\gamma}{x^2 + \gamma^2}. \tag{4.13c}$$

The analytic continuation of $G^{(\mathrm{I})}$, $G^{(\mathrm{II})}$, $G^{(\mathrm{III})}$ and the structure of the singularities are illustrated in Fig. 3. When $\delta \to 0$, the width of II-region on the physical sheet vanishes. This is the reason why the causal function cannot be regarded as an analytic function. The structure of the singularities exhibits an interesting behaviour. There appear the poles at $z = \pm i\gamma$ on the unphysical sheet, which can be interpreted as an unstable state. Contrary to the case of the causal function in the conventional field theory, $G_c^{(\mathrm{II})}(z, \delta)$

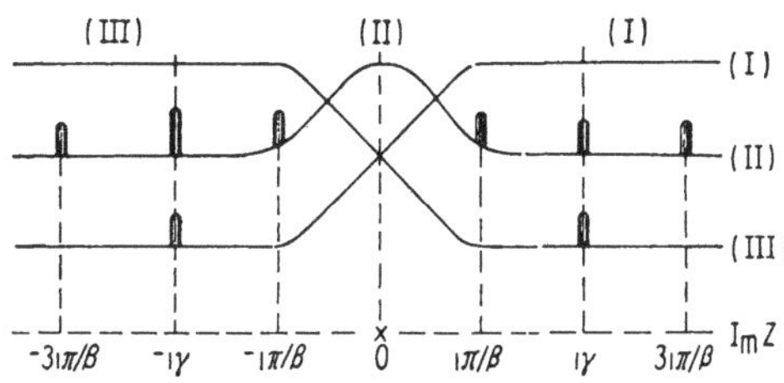

Fig. 3

has a contribution from both lower and upper poles. Furthermore there are poles at $z = i(2n + 1)\,\pi/\beta$ on the unphysical sheet of (II). These poles may be understood as instabilities caused from the thermal fluctuation, if one takes an analogue with complex poles of unstable states.

When we perform the perturbational calculation, we encounter the products of Green's functions. For example, a causal Green's function $G_c'(p)$ is given in terms of a free propagator $G_0(p)$ and a self energy part $\Sigma(p)$ as

$$G_c'(p) = G_0(p) + G_0(p) \Sigma(p)\, G_c'(p).$$

When $G_0(p)$ and $\Sigma(p)$ are given as analytic functions with cuts along $p_0 = x \pm i\delta$, there arises a question if $G_c'(p)$ satisfies the spectral representation discussed in the previous section. We investigate the property of the product of two analytic functions.

Consider two analytic functions $f(z)$ and $g(z)$ which have cuts along $z = x \pm i\delta$ and are expressed as

$$f(z) = \int dw \left\{ \frac{\sigma_f^{(1)}(w)}{z - w + i\delta} + \frac{\sigma_f^{(2)}(w)}{z - w - i\delta} \right\},$$

$$g(z) = \int dw \left\{ \frac{\sigma_g^{(1)}(w)}{z - w + i\delta} + \frac{\sigma_g^{(2)}(w)}{z - w - i\delta} \right\}.$$

The product function $f(z)\,g(z)$ also has cuts at $z = x \pm i\delta$. The spectral representation of $f(z)\,g(z)$ is obtained by using Cauchy's integral formula

$$f(z)\,g(z) = \frac{1}{2\pi i}\int\limits_{c_1+c_2+c_3} dz'\,\frac{f(z')\,g(z')}{z'-z}, \tag{4.14}$$

where c_1, c_2 and c_3 are closed loops taken in the region (I), (II), and (III) and if z is in the region (I), c_1 encloses z (see Fig. 4). When $f(z)\,g(z)$ approaches zero sufficiently fast in the limit $|z| \to \infty$, the contour can be deformed and one gets

$$f(z)\,g(z) = \int\limits_{-\infty}^{+\infty} dw \left[\frac{\sigma_{fg}^{(1)}(w,\delta)}{z-w+i\delta} + \frac{\sigma_{fg}^{(2)}(w,\delta)}{z-w-i\delta}\right], \tag{4.15}$$

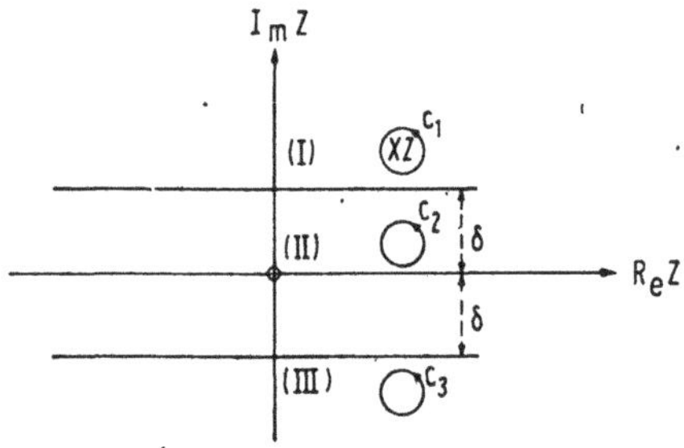

Fig. 4

where

$$\begin{aligned}\sigma_{fg}^{(1)}(x,\delta) &= -\frac{1}{2\pi i}\,[f(x-i\delta+i\varepsilon)\,g(x-i\delta+i\varepsilon) - f(x-i\delta-i\varepsilon)\,g(x-i\delta-i\varepsilon)]\\ &= \int dw \left[\frac{x-w}{(x-w)^2+4\delta^2}\left(\sigma_f^{(1)}(w)\,\sigma_g^{(2)}(x) + \sigma_g^{(2)}(w)\,\sigma_f^{(1)}(x)\right)\right.\\ &\quad \left. + \mathscr{P}\frac{1}{x-w}\left(\sigma_f^{(1)}(w)\,\sigma_g^{(1)}(x) + \sigma_g^{(1)}(w)\,\sigma_f^{(1)}(x)\right)\right]\\ &\quad + 2i\delta\int dw\,\frac{1}{(x-w)^2+4\delta^2}\left(\sigma_f^{(2)}(w)\,\sigma_g^{(1)}(x) + \sigma_g^{(2)}(w)\,\sigma_f^{(1)}(x)\right),\end{aligned} \tag{4.16a}$$

$$\begin{aligned}\sigma_{fg}^{(2)}(x,\delta) &= -\frac{1}{2\pi i}\,[f(x+i\delta+i\varepsilon)\,g(x+i\delta+i\varepsilon) - f(x+i\delta-i\varepsilon)\,g(x+i\delta-i\varepsilon)]\\ &= \int dw \left[\frac{x-w}{(x-w)^2+4\delta^2}\left(\sigma_f^{(1)}(w)\,\sigma_g^{(2)}(x) + \sigma_g^{(1)}(w)\,\sigma_f^{(2)}(x)\right)\right.\\ &\quad \left. + \mathscr{P}\frac{1}{x-w}\left(\sigma_f^{(2)}(w)\,\sigma_g^{(2)}(x) + \sigma_g^{(2)}(w)\,\sigma_f^{(2)}(x)\right)\right]\\ &\quad - 2i\delta\int dw\,\frac{1}{(x-w)^2+4\delta^2}\left(\sigma_f^{(1)}(w)\,\sigma_g^{(2)}(x) + \sigma_g^{(1)}(w)\,\sigma_f^{(2)}(x)\right).\end{aligned} \tag{4.16b}$$

In the limit $\delta \to 0$, $\sigma_{fg}^{(1)}(x, \delta)$ and $\sigma_{fg}^{(2)}(x, \delta)$ become

$$\sigma_{fg}^{(1)}(x) = \lim_{\delta \to 0} \sigma_{fg}^{(1)}(x, \delta) = \mathscr{P} \int dw \frac{1}{x - w} \Big[\big(\sigma_f^{(1)}(w) + \sigma_f^{(2)}(w)\big) \sigma_g^{(1)}(x)$$

$$+ \big(\sigma_g^{(1)}(w) + \sigma_g^{(2)}(w)\big) \sigma_f^{(1)}(x)\Big] + i\pi\big(\sigma_f^{(2)}(x) \sigma_g^{(1)}(x) + \sigma_g^{(2)}(x) \sigma_f^{(1)}(x)\big), \quad (4.17\text{a})$$

$$\sigma_{fg}^{(2)}(x) = \lim_{\delta \to 0} \sigma_{fg}^{(2)}(x, \delta) = \mathscr{P} \int dw \frac{1}{x - w} \Big[\big(\sigma_f^{(1)}(w) + \sigma_f^{(2)}(w)\big) \sigma_g^{(2)}(x)$$

$$+ \big(\sigma_g^{(1)}(w) + \sigma_g^{(2)}(w)\big) \sigma_f^{(2)}(x)\Big] - \pi i \big(\sigma_f^{(1)}(x) \sigma_g^{(2)}(x) + \sigma_g^{(1)}(x) \sigma_f^{(2)}(x)\big). \quad (4.17\text{b})$$

Consider the analytic function $fg(z)$ defined by

$$fg(z) = \int dw \left[\frac{\sigma_{fg}^{(1)}(w)}{z - w + i\delta} + \frac{\sigma_{fg}^{(2)}(w)}{z - w - i\delta}\right]. \quad (4.18)$$

When $\delta \neq 0$, $f(z)\, g(z)$ and $fg(z)$ are different. However, the functions which we are interested in are those which are obtained at the limit $\delta \to 0$. In the limit $\delta \to 0$, $f(z)\, g(z)$ and $fg(z)$ lead to the same result. In this sense, we say that $f(z)\, g(z)$ and $fg(z)$ are equivalent. For convenience, we call this equivalence as δ-equivalence.

Though $f(z)$ is considered as an analytic function with cuts at $z = x \pm i\delta$, the spectrum function of the multiplied function $f(z)\, g(z)$ is not real when $\sigma_f(w)$ and $\sigma_g(w)$ are real as is seen in (4.17a, b). This fact creates a difficulty when we want to perform perturbation calculations and also to define the inverse propagators. This is because function such as $G_c(p)\, \Sigma(p)\, G_c(p)$ can have a complex discontinuity over the cut.

Now we will show that the above difficulty is remedied in the thermo field dynamics because of the presence of the dual fields. In the present formalism, the propagators are 2×2 matrices. When we have

$$S_1'(p) = \int dw \sigma_1(w)\, U(w) \begin{pmatrix} \frac{1}{p_0 - w + i\delta} & 0 \\ 0 & \frac{1}{p_0 - w - i\delta} \end{pmatrix} U^\dagger(w), \quad (4.19\text{a})$$

$$S_2'(p) = \int dw \sigma_2(w)\, U(w) \begin{pmatrix} \frac{1}{p_0 - w + i\delta} & 0 \\ 0 & \frac{1}{p_0 - w - i\delta} \end{pmatrix} U^\dagger(w). \quad (4.19\text{b})$$

with $U(w)$ given in (3.18), one has in the δ-equivalent sence

$$S_1'(p)\, S_2'(p) = \int dw \sigma_{12}(w)\, U(w) \begin{pmatrix} \frac{1}{p_0 - w + i\delta} & 0 \\ 0 & \frac{1}{p_0 - w - i\delta} \end{pmatrix} U^\dagger(w) \quad (4.20)$$

with

$$\sigma_{12}(w) = \mathscr{P} \int dw \frac{1}{w - w'} [\sigma_1(w)\, \sigma_2(w') + \sigma_2(w)\, \sigma_1(w')]. \quad (4.21)$$

The (4.21) can be easily obtained, if we notice

$$\lim_{\delta\to 0} S_1'(p) = \mathscr{P}\int dw\,\frac{\sigma_1(w)}{p_0 - w} - i\pi U(p_0)\,\tau_3 U^\dagger(p_0) \tag{4.22}$$

$$U(p_0)\,U^\dagger(p_0) = 1 \tag{4.23}$$

and compare the imaginary part of the right and left hand side of (4.20).

A significant merit of this result is that one can define the inverse propagator as an analytic function with cuts along the lines $p_0 = x \pm i\delta$, the spectrum function of which is real. We start with (3.17):

$$S_c'(p) = \int dw\sigma(w, \boldsymbol{p})\,U(w)\begin{pmatrix}\dfrac{1}{p_0 - w + i\delta} & 0\\ 0 & \dfrac{1}{p_0 - w - i\delta}\end{pmatrix}U^\dagger(w). \tag{4.24}$$

When δ is infinitesimally small, $S_c(p)$ is equivalent to the following functions in each region:

$$S_c'^{(\mathrm{I})}(p) = \mathscr{P}\int dw\,\frac{\sigma(w,\boldsymbol{p})}{p_0 - w + i\delta}\begin{pmatrix}1 & 0\\ 0 & 1\end{pmatrix} \tag{4.25a}$$

$$S_c'^{(\mathrm{II})}(p) = \mathscr{P}\int dw\,\frac{\sigma(w,\boldsymbol{p})}{p_0 - w}\begin{pmatrix}1 & 0\\ 0 & 1\end{pmatrix} - i\pi\sigma(p_0, \boldsymbol{p})\,\frac{1}{e^{\beta p_0} + 1}\begin{pmatrix}e^{\beta p_0} - 1, & -2e^{\beta p_0/2}\\ -2e^{\beta p_0/2}, & 1 - e^{\beta p_0}\end{pmatrix}, \tag{4.25b}$$

$$S_c'^{(\mathrm{III})}(p) = \int dw\,\frac{\sigma(w,\boldsymbol{p})}{p_0 - w - i\delta}\begin{pmatrix}1 & 0\\ 0 & 1\end{pmatrix}. \tag{4.26}$$

Therefore

$$S_c'^{(\mathrm{I}),(\mathrm{III})}(p) \xrightarrow[|p_0|\to\infty]{} \frac{1}{p_0}\int dw\sigma(w, \boldsymbol{p})\begin{pmatrix}1 & 0\\ 0 & 1\end{pmatrix} \tag{4.27a}$$

$$S_c'^{(\mathrm{II})}(p) \xrightarrow[|p_0|\to\infty]{} 0. \tag{4.27b}$$

In (4,27b), we have used the fact that

$$\sigma(p_0, \boldsymbol{p}) \to 0 \qquad (p_0 \to \pm\infty).$$

From (3.16), we have

$$S_c'(p) \xrightarrow[|p_0|\to\infty]{} \frac{1}{p_0}\begin{pmatrix}1 & 0\\ 0 & 1\end{pmatrix} \quad (|I_m p_0| > \delta). \tag{4.28}$$

Therefore

$$S_c'(p)^{-1} \xrightarrow[|p_0|\to\infty]{} p_0\begin{pmatrix}1 & 0\\ 0 & 1\end{pmatrix} \quad (|I_m p_0| > \delta). \tag{4.29}$$

By use of the Cauchy integral, we can obtain the spectral representation of $S_c'(p)^{-1}$. Assuming that $S_c'(p)^{-1}$ damps sufficiently when $|p_0| \to \infty$ in the region (I) and (III), we have

$$S_c'(p_0, \boldsymbol{p})^{-1} = \frac{1}{2\pi i} \int\limits_{c_1+c_2+c_3} dp_0' \frac{1}{p_0' - p_0} S_c'^{-1}(p_0', \boldsymbol{p})$$

$$= \frac{1}{2\pi i} \int dx \left\{ \frac{1}{x + i\delta - p_0} [S_c^{-1'}(x + i\delta + i\varepsilon, \boldsymbol{p}) - S_c^{-1'}(x + i\delta - i\varepsilon, \boldsymbol{p})] \right.$$

$$\left. + \frac{1}{x - i\delta - p_0} [S_c^{-1'}(x - i\delta - i\varepsilon, \boldsymbol{p}) - S_c^{-1'}(x - i\delta - i\varepsilon, \boldsymbol{p})] \right\}. \tag{4.30}$$

Since

$$\lim_{\delta\to 0} S_c'(p_0 + i\delta \pm i\varepsilon, p) = R(p_0, \boldsymbol{p}) - i\pi\sigma(p_0, \boldsymbol{p})\, U(p_0) \begin{pmatrix} 1 & 0 \\ 0 & \pm 1 \end{pmatrix} U^\dagger(p_0). \tag{4.31}$$

with

$$R(p_0, \boldsymbol{p}) = \mathscr{P} \int dw \frac{\sigma(w, \boldsymbol{p})}{p_0 - w}, \tag{4.32}$$

we have

$$\lim_{\delta\to 0} S_c'(p_0 + i\delta \pm i\varepsilon, p)^{-1} = \{R(p_0, \boldsymbol{p})^2 + \pi^2\sigma(p_0, \boldsymbol{p})^2\}^{-1}$$

$$\times \left[R(p_0, \boldsymbol{p}) + i\pi\sigma(p_0, \boldsymbol{p})\, U(p_0) \begin{pmatrix} 1 & 0 \\ 0 & \pm 1 \end{pmatrix} U^\dagger(p_0) \right]. \tag{4.33}$$

in the same way,

$$\lim_{\delta\to 0} S_c'(p_0 - i\delta \pm i\varepsilon, \boldsymbol{p})^{-1} = \{R(p_0, \boldsymbol{p})^2 + \pi^2\sigma(p_0, \boldsymbol{p})^2\}^{-1}$$

$$\times \left[R(p_0, \boldsymbol{p}) + i\pi\sigma(p_0, \boldsymbol{p})\, U(p_0) \begin{pmatrix} \pm 1 & 0 \\ 0 & 1 \end{pmatrix} U^\dagger(p_0) \right]. \tag{4.34}$$

Then

$$S_c'(p_0, \boldsymbol{p})^{-1} = \int dx \varrho(x, \boldsymbol{p})\, U(x) \begin{pmatrix} \dfrac{1}{x - i\delta - p_0} & 0 \\ 0 & \dfrac{1}{x + i\delta - p_0} \end{pmatrix} U^\dagger(x) \tag{4.35}$$

with

$$\varrho(p_0, \boldsymbol{p}) = \sigma(p_0, \boldsymbol{p}) \{R(p_0, \boldsymbol{p})^2 + \pi^2\sigma(p_0, \boldsymbol{p})\}^{-1}. \tag{4.36}$$

Since $S_c'(p)$ satisfies (4.29), we perform two subtractions on (4.35). Subtracting

$$\mathrm{Re}\, S_c'(0, \boldsymbol{p})^{-1} + p_0 \frac{\partial}{\partial p_0} \mathrm{Re}\, S_c'(0, \boldsymbol{p})^{-1} = \mathscr{P} \int dx \varrho(x, \boldsymbol{p}) \left[\frac{1}{x} + \frac{p_0}{x^2} \right] \begin{pmatrix} 1 & 0 \\ 0 & 1 \end{pmatrix}, \tag{4.37}$$

we have

$$S_c'(p_0, p)^{-1} = \mathrm{Re}\, S_c(0, \boldsymbol{p})^{-1} + p_0 \frac{\partial}{\partial p_0} \mathrm{Re}\, S_c(0, \boldsymbol{p})^{-1}$$

$$+ p_0^2 \int dx \frac{\varrho(x, \boldsymbol{p})}{x^2}\, U(x) \begin{pmatrix} \dfrac{1}{x - i\delta - p_0} & 0 \\ 0 & \dfrac{1}{x + i\delta - p_0} \end{pmatrix} U^\dagger(x). \tag{4.38}$$

Knowing this reslut, one can formulate a simple method for construction of the propagators from the inverse propagators. Assuming that $S_c^{-1}(p_0, \boldsymbol{p})$ has a form

$$S_c'(p_0, \boldsymbol{p})^{-1} = \Lambda(p_0, \boldsymbol{p}) + \int dw\tilde{\varrho}(w, \boldsymbol{p})\, U(w) \begin{pmatrix} \dfrac{1}{w - i\delta - p_0} & 0 \\ 0 & \dfrac{1}{w + i\delta - p_0} \end{pmatrix} U^\dagger(w) \tag{4.39}$$

with the continuous part sufficiently damping as $|p_0| \to \infty$, we have

$$S_c'(p_0, \boldsymbol{p}) = \int dw\sigma(w, \boldsymbol{p})\, U(w) \begin{pmatrix} \dfrac{1}{p_0 - w + i\delta} & 0 \\ 0 & \dfrac{1}{p_0 - w - i\delta} \end{pmatrix} U^\dagger(w) \tag{4.40}$$

with

$$\sigma(p_0, \boldsymbol{p}) = \frac{\tilde{\varrho}(p_0, \boldsymbol{p})}{[\Lambda(p_0, \boldsymbol{p}) + \tilde{R}(p_0, \boldsymbol{p})]^2 + \pi^2\tilde{\varrho}(p_0, \boldsymbol{p})^2} \tag{4.41}$$

$$\tilde{R}(p_0, \boldsymbol{p}) = \mathscr{P}\int dw\, \frac{\tilde{\varrho}(w, \boldsymbol{p})}{w - p_0}. \tag{4.42}$$

The boson case can be dealt with in a similar way. We write down the final results only. Starting from

$$\Delta_{Bc}(p_0, \boldsymbol{p}) = \int dw\sigma(w, \boldsymbol{p})\, U_B(w) \begin{pmatrix} \dfrac{1}{p_0 - w + i\delta} & 0 \\ 0 & \dfrac{-1}{p_0 - w - i\delta} \end{pmatrix} U_B^\dagger(w) \tag{4.43}$$

and using

$$U_B(w)\, \tau_3 U_B^\dagger(w) = \tau_3, \tag{4.44}$$

we have

$$\Delta_{Bc}^{-1}(p_0, \boldsymbol{p})$$
$$= \Lambda(p_0, \boldsymbol{p}) + \int dw\, \frac{N(p_0)}{N(w)}\, \varrho(w, \boldsymbol{p})\, U_B^{-1}(w) \begin{pmatrix} \dfrac{1}{w - i\delta - p_0} & 0 \\ 0 & \dfrac{-1}{w + i\delta - p_0} \end{pmatrix} U_B^{\dagger -1}(w), \tag{4.45}$$

where $\Lambda(p_0, \boldsymbol{p})$ is certain polynominal of p_0 and $N(p_0)$ appears corresponding to the subtraction. The relations between ϱ and σ are given by

$$\varrho(w, \boldsymbol{p}) = \frac{\sigma(w, \boldsymbol{p})}{R(w, \boldsymbol{p})^2 + \pi^2\sigma(w, \boldsymbol{p})^2} \tag{4.46a}$$

$$\sigma(w, \boldsymbol{p}) = \frac{\varrho(w, \boldsymbol{p})}{\{\Lambda(w, \boldsymbol{p}) + \tilde{R}(w, \boldsymbol{p})\}^2 + \pi^2\varrho(w, \boldsymbol{p})^2} \tag{4.46b}$$

with

$$R(p_0, \boldsymbol{p}) = \mathscr{P}\int dw\, \frac{\sigma(w, \boldsymbol{p})}{p_0 - w}, \tag{4.47a}$$

and

$$\tilde{R}(p_0, \boldsymbol{p}) = \mathscr{P} \int dw \, \frac{N(p_0)}{N(w)} \frac{\varrho(w, \boldsymbol{p})}{w - p_0}. \tag{4.47b}$$

5. Applications

In this section, we apply the thermo field dynamics to a few examples and show explicitly that the Feynman diagram technique works in perturbation theory. Our procedure is as follows: when the Lagrangian $\mathscr{L}(x)$ (or Hamiltonian density $\mathscr{H}(x)$) is given, the total Lagrangian $\hat{\mathscr{L}}(x)$ is constructed as

$$\hat{\mathscr{L}}(x) = \mathscr{L}(x) - \tilde{\mathscr{L}}(x). \tag{5.1}$$

Dividing $\hat{\mathscr{L}}(x)$ into free part and interaction part

$$\hat{\mathscr{L}}(x) = \hat{\mathscr{L}}_f(x) + \hat{\mathscr{L}}_\mathrm{I}(x), \tag{5.2}$$

calculate the Green's function $\langle 0(\beta)| \, TA(x) \, B(y) \cdots |0(\beta)\rangle$ by use of the Gell-Mann-Low, relation [8]

$$\langle 0(\beta)| \, TA(x) \, B(y) \cdots |0(\beta)\rangle = \frac{\langle TA(x) \, B(y) \cdots \exp \{i \int d^4z \hat{\mathscr{L}}_\mathrm{I}(z)\}\rangle_0}{\langle T \exp \{i \int d^4z \mathscr{L}_\mathrm{I}(z)\}\rangle_0}, \tag{5.3}$$

where $\langle \, \rangle_0$ means the free vacuum expectation value.

5.1. Electron-Phonon System

As the first example, we consider the electron-phonon system, where the Heisenberg operators are the electron field $\psi(x)$ (the spin is neglected) and phonon field $\phi(x)$ $\big(\phi^\dagger(x) = \phi(x)\big)$. In the following we assume that the system is uniform in space. The Lagrangian is given by

$$\mathscr{L}(x) = \psi^\dagger(x) \left(i \frac{\partial}{\partial t} - \varepsilon(-i\nabla)\right) \psi(x) + \frac{1}{2} \left\{\left(\frac{\partial}{\partial t} \phi(x)\right)^2 - \big(v(-i\nabla) \nabla\phi(x)\big)^2\right\}$$
$$- \psi^\dagger(x) \, \psi(x) \, \alpha(-i\nabla) \, \phi(x), \tag{5.4}$$

where

$$\varepsilon(\boldsymbol{p}) = \frac{1}{2m} \boldsymbol{p}^2 - \mu^2, \tag{5.5a}$$

$$\omega(\boldsymbol{p})^2 = \boldsymbol{q}^2 v^2(\boldsymbol{q}), \tag{5.5b}$$

and $\alpha(\boldsymbol{q})/\sqrt{2\omega(\boldsymbol{q})}$ gives the conventional phonon-electron coupling. In (5.5b), $v(\boldsymbol{q})$ is the phonon velocity. Conctructing the total Lagrangian $\hat{\mathscr{L}}(x)$ as (5.1), we separate the Lagrangian into the free and the interaction parts:

$$\hat{\mathscr{L}}_f(x) = \psi^\dagger \left(i \frac{\partial}{\partial t} - \varepsilon(-i\nabla)\right) \psi - \tilde{\psi}^\dagger \left(i \frac{\partial}{\partial t} + \varepsilon(-i\nabla)\right) \tilde{\psi}$$
$$+ \frac{1}{2} \left\{\left(\frac{\partial}{\partial t} \phi\right)^2 + \phi\omega^2 \, (-i\nabla) \, \phi - \left(\frac{\partial}{\partial t} \tilde{\phi}\right)^2 - \tilde{\phi}\omega^2 \, (-i\nabla) \, \tilde{\phi}\right\}, \tag{5.6}$$

$$\hat{\mathscr{L}}_I(x) = - \sum_a \psi^{a\dagger}\psi^a\alpha(-i\nabla) \, \phi^a, \tag{5.7}$$

where use was made of the notations

$$\psi^\alpha(x) = \begin{pmatrix}\psi(x)\\ \tilde{\psi}^\dagger(x)\end{pmatrix}, \qquad \phi^\alpha(x) = \begin{pmatrix}\phi(x)\\ \tilde{\phi}(x)\end{pmatrix}. \tag{5.8}$$

The propagators of $\psi^\alpha(x)$ and $\phi^\alpha(x)$ are given by F_1-type and B_2-type in Section 2 respectively ((2.28) and (2.40a)).

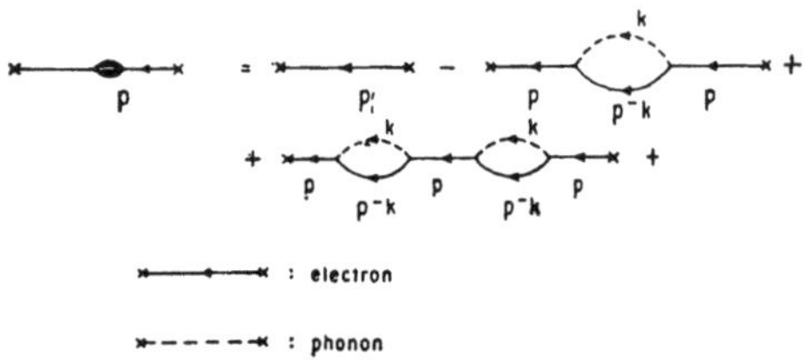

Fig. 5

We now calculate the one loop correction of the electron propagator. By use of the Gell-Mann-Low relation (5.3), we have (see Fig. 5)

$$S'^{\alpha\beta}(p) = S^{\alpha\beta}(p) + S^{\alpha a}(p) \sum^{ab}(p)\, S'^{b\beta}(p), \tag{5.9}$$

where the Arabian suffix is understood to take summation and $\sum^{\alpha\beta}(p)$ is given by

$$\sum^{\alpha\beta}(p) = \frac{i}{(2\pi)^4}\int d^4k |\alpha(\boldsymbol{k})|^2\, \Delta^{\alpha\beta}(p)\, S^{\alpha\beta}(p-k) \tag{5.10a}$$

$$= \int d^3k \frac{|\alpha(\boldsymbol{k})|^2}{2\omega(\boldsymbol{k})} \frac{1}{(e^{\beta\omega(\boldsymbol{k})}-1)\,(e^{\beta\varepsilon(\boldsymbol{p}-\boldsymbol{k})}+1)}$$
$$\times \left\{\frac{1}{p_0 - \big(\varepsilon(\boldsymbol{p}-\boldsymbol{k}) + \omega(\boldsymbol{k})\big) + i\delta}\begin{pmatrix} e^{\beta(\varepsilon(\boldsymbol{p}-\boldsymbol{k})+\omega(\boldsymbol{k}))}, & -e^{\beta(\varepsilon(\boldsymbol{p}-\boldsymbol{k})+\omega(\boldsymbol{k}))/2}\\ -e^{\beta(\varepsilon(\boldsymbol{p}-\boldsymbol{k})+\omega(\boldsymbol{k}))/2}, & 1\end{pmatrix}\right.$$
$$\left. + \frac{1}{p_0 - \big(\varepsilon(\boldsymbol{p}-\boldsymbol{k}) + \omega(\boldsymbol{k})\big) - i\delta}\begin{pmatrix} 1, & e^{\beta(\varepsilon(\boldsymbol{p}-\boldsymbol{k})+\omega(\boldsymbol{k}))/2}\\ e^{\beta(\varepsilon(\boldsymbol{p}-\boldsymbol{k})+\omega(\boldsymbol{k}))/2}, & e^{\beta(\varepsilon(\boldsymbol{p}-\boldsymbol{k})+\omega(\boldsymbol{k}))}\end{pmatrix}\right\}$$
$$+ \big(\omega(\boldsymbol{k}) \to -\omega(\boldsymbol{k})\big). \tag{5.10b}$$

The $\sum^{\alpha\beta}(p)$ is rewritten in a simpler form

$$\sum^{\alpha\beta}(p) = \int_{-\infty}^{+\infty} d\varkappa\, \sigma(\varkappa, \boldsymbol{p})\, U(\varkappa) \begin{pmatrix} \frac{1}{p_0 - \varkappa + i\delta} & 0\\ 0 & \frac{1}{p_0 - \varkappa - i\delta}\end{pmatrix} U^\dagger(\varkappa) \tag{5.11}$$

with

$$\sigma(\varkappa, \boldsymbol{p}) = \int d^3k\,\delta\big(\varkappa - \varepsilon(\boldsymbol{p}-\boldsymbol{k}) - \omega(\boldsymbol{k})\big) \frac{|\alpha(\boldsymbol{k})|^2}{2\omega(\boldsymbol{k})}\left\{\frac{1}{e^{\beta\omega(\boldsymbol{k})}-1} + \frac{e^{\beta\varepsilon(\boldsymbol{p}-\boldsymbol{k})}}{e^{\beta\varepsilon(\boldsymbol{p}-\boldsymbol{k})}+1}\right\}$$
$$+ \int d^3k\,\delta\big(\varkappa - \varepsilon(\boldsymbol{p}-\boldsymbol{k}) + \omega(\boldsymbol{k})\big) \frac{|\alpha(\boldsymbol{k})|^2}{2\omega(\boldsymbol{k})}\left\{\frac{1}{e^{\beta\omega(\boldsymbol{k})}-1} + \frac{1}{e^{\beta\varepsilon(\boldsymbol{p}-\boldsymbol{k})}+1}\right\}, \tag{5.12}$$

which is the same spectral function obtained using the Matsubara Green's function method as it should in first order perturbation theory because no mixing between ψ and $\tilde{\psi}$ can yet occur.

5.2 The Hubbard model in the itinerant electron ferromagnetism

As an example of the bound state problem, we consider the itinerant electron ferromagnetism. We choose the Hubbard model, in which the Lagrangian is given by

$$\mathscr{L}(x) = \sum_s \psi_s^\dagger(x) \left[i \frac{\partial}{\partial t} - \varepsilon(-\nabla^2)\right] \psi_s(x) - \frac{\lambda}{2} \sum_{s,s'} \psi_s^\dagger(x)\, \psi_{s'}^\dagger(x)\, \psi_{s'}(x)\, \psi_s(x)$$

$$+ \mu^2 \sum \psi_s^\dagger(x)\, \psi_s(x), \tag{5.13}$$

where

$$\varepsilon(-\nabla^2) = \frac{1}{2m} (-\nabla^2 - k_F^2) \tag{5.14}$$

and $\psi(x)$ is the electron field

$$\psi(x) = \begin{pmatrix} \psi_\uparrow(x) \\ \psi_\downarrow(x) \end{pmatrix}. \tag{5.15}$$

The magnetized state is specified by

$$M = \langle 0(\beta)|\, \psi^\dagger(x)\, \sigma_3 \psi(x)\, |0(\beta)\rangle. \tag{5.16}$$

Introducing the dual fields $\tilde{\psi}_\uparrow(x)$, $\tilde{\psi}_\downarrow(x)$, we construct the total Lagrangian $\hat{\mathscr{L}}(x)$ as (5.1) Considering (5.16), we have

$$\hat{\mathscr{L}}_f(x) = \psi^\dagger(x) \left\{i \frac{\partial}{\partial t} - \varepsilon(-\nabla^2) + \frac{\lambda}{2} M\sigma_3\right\} \psi(x)$$

$$+ \tilde{\psi}^\dagger(x) \left\{i \frac{\partial}{\partial t} + \varepsilon(-\nabla^2) - \frac{\lambda}{2} M\sigma_3\right\} \tilde{\psi}(x) \tag{5.17}$$

$$\hat{\mathscr{L}}_I(x) = \lambda\big(\psi_\uparrow^\dagger(x)\, \psi_\downarrow(x)\, \psi_\downarrow^\dagger(x)\, \psi_\uparrow(x)\big)_c - \lambda\big(\tilde{\psi}_\uparrow^\dagger(x)\, \tilde{\psi}_\downarrow(x)\, \tilde{\psi}_\downarrow^\dagger(x)\, \tilde{\psi}_\uparrow(x)\big)_c, \tag{5.18}$$

where

$$(\psi_\uparrow^\dagger\psi_\downarrow\psi_\downarrow^\dagger\psi_\uparrow)_c = \psi_\uparrow^\dagger\psi_\downarrow\psi_\downarrow^\dagger\psi_\uparrow - \psi_\uparrow^\dagger\langle\psi_\downarrow\psi_\downarrow^\dagger\rangle\, \psi_\uparrow - \psi_\downarrow\langle\psi_\uparrow^\dagger\psi_\uparrow\rangle\, \psi_\downarrow^\dagger + \langle\psi_\uparrow^\dagger\psi_\uparrow\rangle\, \langle\psi_\downarrow\psi_\downarrow^\dagger\rangle. \tag{5.19}$$

By use of the notation

$$\psi_\uparrow^\alpha(x) = \begin{cases} \psi_\uparrow(x) & (\alpha = 1) \\ \tilde{\psi}_\uparrow^\dagger(x) & (\alpha = 2), \end{cases} \qquad \psi_\downarrow^\alpha(x) = \begin{cases} \psi_\downarrow(x) & (\alpha = 1) \\ \tilde{\psi}_\downarrow^\dagger(x) & (\alpha = 2) \end{cases} \tag{5.20}$$

and

$$\varepsilon^\alpha = \begin{cases} 1 & (\alpha = 1) \\ -1 & (\alpha = 2), \end{cases} \tag{5.21}$$

$\hat{\mathscr{L}}_I(x)$ is written as

$$\hat{\mathscr{L}}_I(x) = \lambda \sum_\alpha \varepsilon^\alpha\big(\psi_\uparrow^{\alpha\dagger}(x)\, \psi_\downarrow^\alpha(x)\, \psi_\downarrow^{\alpha\dagger}(x)\, \psi_\uparrow^\alpha(x)\big)_c. \tag{5.22}$$

The free field equations are given by

$$\left[i\frac{\partial}{\partial t} - \varepsilon_+(-\nabla^2)\right]\psi_\uparrow^\alpha(x) = 0 \tag{5.23a}$$

$$\left[i\frac{\partial}{\partial t} - \varepsilon_-(-\nabla^2)\right]\psi_\downarrow^\alpha(x) = 0 \tag{5.23b}$$

with

$$\varepsilon_+(-\nabla^2) = \varepsilon(-\nabla^2) - \frac{\lambda}{2}M, \qquad \varepsilon_-(-\nabla^2) = \varepsilon(-\nabla^2) + \frac{\lambda}{2}M. \tag{5.24}$$

Therefore the free propagators are given by F_1-type:

$$S_\pm^{\alpha\beta}(p) = U\big(\varepsilon_\pm(\boldsymbol{p})\big)\begin{pmatrix} \dfrac{1}{p_0 - \varepsilon_\pm(\boldsymbol{p}) + i\delta} & 0 \\ 0 & \dfrac{1}{p_0 - \varepsilon_\pm(\boldsymbol{p}) - i\delta} \end{pmatrix} U^\dagger\big(\varepsilon_\pm(\boldsymbol{p})\big). \tag{5.25}$$

First we rewrite the condition (5.15) in terms of $S^{\alpha\beta}(p)$. Since

$$\begin{aligned}&\langle 0(\beta)|\,\psi_\uparrow^\dagger(x)\,\psi_\uparrow(x) - \psi_\downarrow^\dagger(x)\,\psi_\downarrow(x)\,|0(\beta)\rangle \\ &= -\lim_{\varepsilon\to 0}\langle 0(\beta)|\,\psi_\uparrow(t-\varepsilon,\boldsymbol{x})\,\psi_\uparrow^\dagger(t+\varepsilon,\boldsymbol{x}) - \psi_\downarrow(t-\varepsilon,\boldsymbol{x})\,\psi_\downarrow^\dagger(t+\varepsilon,\boldsymbol{x})\,|0(\beta)\rangle,\end{aligned}$$

we have

$$M = \frac{-i}{(2\pi)^4}\int_c d^4p\{S_+^{11}(p) - S_-^{11}(p)\}, \tag{5.26}$$

where the integral path c is along the semi-circle in the upper plane (see Fig. 6). Then we have

$$M = \frac{1}{(2\pi)^3}\int d^3p\left\{\frac{1}{e^{\beta\varepsilon_+(\boldsymbol{p})}+1} - \frac{1}{e^{\beta\varepsilon_-(\boldsymbol{p})}+1}\right\}. \tag{5.27}$$

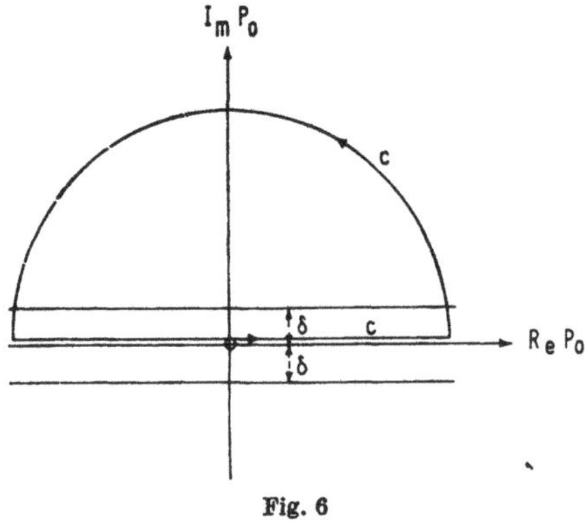

Fig. 6

Next we calculate the bound state propagator. The bound state (or spin wave) appears in $\sigma_-(x) = \psi_\downarrow^\dagger(x)\,\psi_\uparrow(x)$. We will use the following notation:

$$\sigma_-^\alpha(x) = \varepsilon^\alpha\psi_\downarrow^{\alpha\dagger}(x)\,\psi_\uparrow^\alpha(x), \qquad \sigma_+^\alpha(x) = \varepsilon^\alpha\psi_\uparrow^{\alpha\dagger}(x)\,\psi_\downarrow^\alpha(x). \tag{5.28}$$

Now calculate the propagator

$$\langle 0(\beta)|\, T\sigma_+^{\alpha}(x)\, \sigma_-^{\beta}(y)\, |0(\beta)\rangle = \frac{i}{(2\pi)^4} \int d^4p \Delta_B{}'^{\alpha\beta}(p)\, e^{-ip(x-y)}. \tag{5.29}$$

By use of the chain approximation (see Fig. 7), we have

$$\Delta_B{}^{\alpha\beta\prime}(p) = \left(D(p)\, N^{-1}(p)\, \tau_3\right)^{\alpha\beta} \tag{5.30}$$

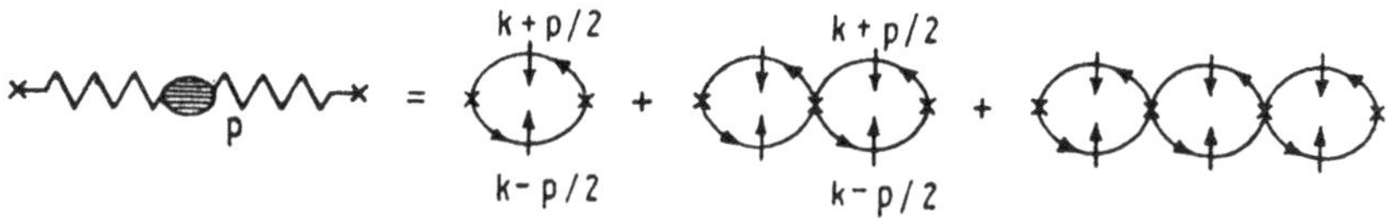

$+ \;- - -$

Fig. 7

with

$$D^{\alpha\beta}(p) = \frac{-i}{(2\pi)^4} \int d^4k \varepsilon^{\alpha} \dot{S}_-{}^{\alpha\beta}(k + p/2)\, S_+{}^{\beta\alpha}(k - p/2)\, \varepsilon^{\beta} \tag{5.31}$$

$$N^{\alpha\beta}(p) = \tau_3{}^{\alpha\beta} + \lambda D^{\alpha\beta}(p) \tag{5.32}$$

$$\tau_3{}^{\alpha\beta} = \varepsilon^{\alpha}\delta^{\alpha\beta}. \tag{5.33}$$

Substituting (5.25) into (5.31), we have

$$D^{\alpha\beta}(p) = \int d\varkappa \sigma(\varkappa, \boldsymbol{p})\, U_B(\varkappa) \begin{pmatrix} \dfrac{1}{p_0 - \varkappa + i\delta} & 0 \\ 0 & \dfrac{-1}{p_0 - \varkappa - i\delta} \end{pmatrix} U_B{}^{\dagger}(\varkappa) \tag{5.34}$$

with

$$\sigma(\varkappa, \boldsymbol{p}) = \frac{1}{(2\pi)^3} \int d^3k \frac{e^{\beta\varepsilon_+(\boldsymbol{k}-\boldsymbol{p}/2)}(e^{\beta\varkappa} - 1)}{(e^{\beta\varepsilon_+(\boldsymbol{k}-\boldsymbol{p}/2)} + 1)\,(e^{\beta\varepsilon_-(\boldsymbol{k}+\boldsymbol{p}/2)} + 1)} \times \delta\left(\varkappa - \varepsilon_-(\boldsymbol{k} + \boldsymbol{p}/2) + \varepsilon_+(\boldsymbol{k} - \boldsymbol{p}/2)\right)$$

$$= \frac{1}{(2\pi)^3} \int d^3k \left[\frac{1}{e^{\beta\varepsilon_+(\boldsymbol{k}-\boldsymbol{p}/2)} + 1} - \frac{1}{e^{\beta\varepsilon_-(\boldsymbol{k}+\boldsymbol{p}/2)} + 1}\right] \times \delta\left(\varkappa - \varepsilon_-(\boldsymbol{k} + \boldsymbol{p}/2) + \varepsilon_+(\boldsymbol{k} - \boldsymbol{p}/2)\right). \tag{5.35}$$

When p_0 is real, $D^{\alpha\beta}(p)$ is given by

$$D^{\alpha\beta}(p) = R(p)\, \tau_3{}^{\alpha\beta} - i\pi\sigma(p_0, \boldsymbol{p})\, [U_B(p_0)^2]^{\alpha\beta} \tag{5.36}$$

with

$$R(p) = \mathscr{P} \int dw \frac{\sigma(w, \boldsymbol{p})}{p_0 - w}. \tag{5.37}$$

Therefore we have

$$N(p) = \left(1 + \lambda R(p)\right) \tau_3 - i\lambda\pi\sigma(p)\, U_B{}^2(p_0) \tag{5.38a}$$

and

$$N(p)^{-1} = \left\{\left(1 + \lambda R(p)\right)^2 + \lambda^2\pi^2\sigma(p)^2\right\}^{-1} \left\{\left(1 + \lambda R(p)\right) \tau_3 + i\lambda\pi\sigma(p)\, U_B{}^{-2}(p_0)\right\}, \tag{5.38b}$$

where we have used

$$U_B(p_0)\,\tau_3 = \tau_3 U_B(p)^{-1}. \tag{5.39}$$

Finally we obtain

$$\begin{aligned}\Delta_B'(p) &= D(p)\,N^{-1}(p)\,\tau_3\\ &= \{(1+\lambda R(p))^2 + \lambda^2\pi^2\sigma(p)^2\}^{-1}\,\{[R(1+\lambda R) + \lambda\pi^2\sigma^2]\,\tau_3 - i\pi\sigma U_B^2(p_0)\}.\end{aligned} \tag{5.40}$$

On the other hand, $\Delta_B'(p)$ has a form (B_1-type in Section 3)

$$\begin{aligned}\Delta_B'(p) &= \int dw\sigma_B(w, \boldsymbol{p})\,U_B(w)\begin{pmatrix}\dfrac{1}{p_0-\varkappa+i\delta} & 0\\ 0 & \dfrac{-1}{p_0-\varkappa+i\delta}\end{pmatrix}U_B^\dagger(w)\\ &= \mathscr{P}\int dw\,\frac{\sigma_B(w,\boldsymbol{p})}{p_0-\varkappa} - i\pi\sigma_B(p)\,U_B^2(p_0).\end{aligned} \tag{5.41}$$

Comparing the imaginary part, we have

$$\sigma_B(p) = \frac{\sigma(p)}{\{1+\lambda R(p)\}^2 + \lambda^2\pi^2\sigma(p)^2}. \tag{5.42}$$

From (5.35) and (5.37), $R(p)$ is explicitly given by

$$\begin{aligned}R(p) = \mathscr{P}\frac{1}{(2\pi)^3}\int d^3k\,\Bigg\{&\frac{1}{e^{\beta\varepsilon_+(\boldsymbol{k})}+1}\,\frac{1}{p_0-\varepsilon_-(\boldsymbol{k}+\boldsymbol{p})+\varepsilon_+(\boldsymbol{k})}\\ &-\frac{1}{e^{\beta\varepsilon_-(\boldsymbol{k})}+1}\,\frac{1}{p_0-\varepsilon_-(\boldsymbol{k})+\varepsilon_+(\boldsymbol{k}-\boldsymbol{p})}\Bigg\}.\end{aligned} \tag{5.43}$$

Especially at $\boldsymbol{p} = 0$,

$$R(p_0, \boldsymbol{0}) = \mathscr{P}\frac{1}{(2\pi)^3}\int d^3k\left\{\frac{1}{e^{\beta\varepsilon_+(\boldsymbol{k})}+1} - \frac{1}{e^{\beta\varepsilon_-(\boldsymbol{k})}+1}\right\}\frac{1}{p_0-\lambda M} = \frac{M}{p_0-\lambda M}. \tag{5.44a}$$

$$\sigma(p_0, \boldsymbol{0}) = M\delta(p_0-\lambda M). \tag{5.44b}$$

Therefore

$$\Delta_B'(p_0, \boldsymbol{0}) = \frac{R(p)}{1+\lambda R(p)}\,\tau_3 = \frac{M}{p_0}\,\tau_3. \tag{5.45}$$

There is a bound state whose spectrum tends to zero when $\boldsymbol{p}\to 0$. The spectrum is determined by

$$\lambda R(p)|_{p_0=\omega_B(\boldsymbol{p})} = -1. \tag{5.46}$$

Writing

$$\lambda R(p) = -1 + (p_0-\omega_B(\boldsymbol{p}))\,\frac{\partial}{\partial p_0}\lambda R(p)\bigg|_{p_0=\omega_B(\boldsymbol{p})} + \cdots,$$

(5.42) is written near $p_0 = \omega_B(\boldsymbol{p})$ as

$$\sigma_B(p) = \frac{\sigma(p)\left\{\dfrac{\partial}{\partial p_0}\lambda R(p)\right\}^{-2}}{(p_0-\omega_B(\boldsymbol{p}))^2 + \lambda^2\pi^2\sigma(p)^2\left\{\dfrac{\partial}{\partial p_0}\lambda R(p)\right\}^{-2}}. \tag{5.47}$$

Therefore

$$\gamma(\boldsymbol{p}) = -\pi\sigma(p) \left[\frac{\partial R}{\partial p_0}(p_0, \boldsymbol{p})\right]^{-1}\Bigg|_{p_0=\omega_B(\boldsymbol{p})} \tag{5.48}$$

gives the resonance width and

$$F(\boldsymbol{q}) = -\left\{\frac{\partial}{\partial p_0} R(p)\right\}^{-1} \lambda^{-2}\Bigg|_{p_0=\omega(\boldsymbol{p})} \tag{5.49}$$

gives the normalization factor. Again (5.43) together with the fact that $\omega(\mathbf{0}) = 0$ leads to

$$\frac{\partial}{\partial p_0} R(\omega(\mathbf{0}), \mathbf{0}) = -\frac{1}{\lambda^2 M}, \tag{5.50}$$

which shows that

$$F(\mathbf{0}) = M. \tag{5.51}$$

More detailed analysis of the itinerant electron ferromagnetism will be published elsewhere, where the spin wave effects to the electron propagators and to the coupling constant renormalization are considered.

5.3. Superconductivity

The thermo field dynamics is applied in the calculation of superconductivity in the ref. [9], where the B—S equation is used. However, in ref. [9], $\hat{\mathscr{L}}$ was not explicitly introduced. Here we present a more systematic formulation by using $\hat{\mathscr{L}}$.
In superconductivity, the Heisenberg fields are electron fields $\psi_\uparrow(x)$, $\psi_\downarrow(x)$. Here the photon fields is neglected. The case where photon field is included is discussed in ref. [9]. The Lagrangian is given by

$$\mathscr{L}(x) = \psi_\uparrow^\dagger \left\{i \frac{\partial}{\partial t} - \varepsilon(-\nabla^2)\right\} \psi_\uparrow + \psi_\downarrow^\dagger \left\{i \frac{\partial}{\partial t} - \varepsilon(-\nabla^2)\right\} \psi_\downarrow$$

$$- \lambda\psi_\uparrow^\dagger\psi_\downarrow^\dagger\psi_\downarrow\psi_\uparrow + \mu(\psi_\uparrow^\dagger\psi_\uparrow + \psi_\downarrow^\dagger\psi_\downarrow), \tag{5.52}$$

where

$$\varepsilon(-\nabla^2) = \frac{1}{2m}(-\nabla^2 + k_F^2). \tag{5.53}$$

The superconducting state is specified by the order parameter

$$\Delta = -\lambda\langle 0(\beta)|\, \psi_\downarrow(x)\, \psi_\uparrow(x)\, |0(\beta)\rangle. \tag{5.54}$$

In terms of the Nambu's representation

$$\phi(x) = \begin{pmatrix}\phi_1(x)\\ \phi_2(x)\end{pmatrix} = \begin{pmatrix}\psi_\uparrow(x)\\ \psi_\downarrow^\dagger(x)\end{pmatrix}, \tag{5.55}$$

the Lagrangian is rewritten, apart from the constant factor as

$$\hat{\mathscr{L}}(x) = \phi^\dagger(x) \left\{i \frac{\partial}{\partial t} - \varepsilon(-\nabla^2)\,\sigma_3 + \Delta\sigma_1\right\} \phi(x) - \frac{\lambda}{4}\{(\phi^\dagger\sigma_1\phi)^2 + (\phi^\dagger\sigma_2\phi)^2\}_c, \tag{5.56}$$

where μ is chosen as

$$\mu = \lambda\langle 0(\beta)|\, \psi_\downarrow^\dagger\psi_\downarrow\, |0(\beta)\rangle = \lambda\langle 0(\beta)|\, \psi_\downarrow^\dagger\psi_\uparrow\, |0(\beta)\rangle, \tag{5.57}$$

and $(ABCD)_c$ means

$$
\begin{aligned}
(ABCD)_c = & ABCD - \langle AB\rangle CD + B\langle AC\rangle D - BC\langle AD\rangle \\
& - A\langle BC\rangle D + AC\langle BD\rangle - AB\langle CD\rangle \\
& + \langle AB\rangle \langle CD\rangle - \langle AC\rangle \langle BD\rangle + \langle AD\rangle \langle BC\rangle . \qquad (5.58)
\end{aligned}
$$

The matrices σ_1, σ_2, σ_3 are Pauli's spin matrices.
Now we introduce the dual field $\tilde{\psi}_\uparrow(x)$, $\tilde{\psi}_\downarrow(x)$ corresponding to $\psi_\uparrow(x)$, $\psi_\downarrow(x)$, the Nambu's representation of which is

$$
\tilde{\phi}(x) = \begin{pmatrix} \tilde{\phi}_1(x) \\ \tilde{\phi}_2(x) \end{pmatrix} = \begin{pmatrix} \tilde{\psi}_\uparrow(x) \\ \tilde{\psi}_\downarrow{}^\dagger(x) \end{pmatrix}. \qquad (5.59)
$$

By the use of the notations

$$
\phi^\alpha(x) = \begin{cases} \phi(x) & \text{for } \alpha = 1 \\ \tilde{\phi}^{\dagger t}(x) & \text{for } \alpha = 2 , \end{cases} \qquad (5.60)
$$

the total Lagrangian $\hat{\mathscr{L}}(x)$ is given by

$$
\hat{\mathscr{L}}(x) = \hat{\mathscr{L}}_f(x) + \hat{\mathscr{L}}_I(x) , \qquad (5.61)
$$

$$
\hat{\mathscr{L}}_f(x) = \phi^\dagger \left\{ i \frac{\partial}{\partial t} - \varepsilon(-\nabla^2)\, \sigma_3 + \Delta\sigma_1 \right\} \phi + \tilde{\phi}^\dagger \left\{ i \frac{\partial}{\partial t} + \varepsilon(-\nabla)^2\, \sigma_3 - \Delta\sigma_1 \right\} \tilde{\phi} , \qquad (5.62)
$$

$$
\hat{\mathscr{L}}_I(x) = -\frac{\lambda}{4} \sum_\alpha \varepsilon^\alpha \{ (\phi^{\alpha\dagger}\sigma_1\phi^\alpha)^2 + (\phi^{\alpha\dagger}\sigma_2\phi^\alpha)^2 \}_c . \qquad (5.63)
$$

Note that ε^α in (5.63c) appears because of $\hat{\mathscr{L}}(x) = \mathscr{L}(x) - \tilde{\mathscr{L}}(x)$. The free field equation is

$$
\left\{ i \frac{\partial}{\partial t} - \varepsilon(-\nabla^2)\, \sigma_3 + \Delta\sigma_1 \right\} \phi^\alpha(x) = 0 . \qquad (5.64)
$$

The free fields $\phi^\alpha(x)$ are expressed as

$$
\phi^1(x) = \frac{1}{\sqrt{(2\pi)^3}} \int d^3p \left\{ \begin{pmatrix} \cos\theta(\boldsymbol{p}) \\ -\sin\theta(\boldsymbol{p}) \end{pmatrix} a_\uparrow(\boldsymbol{p})\, e^{-iE(\boldsymbol{p})t + i\boldsymbol{p}\cdot\boldsymbol{x}} + \begin{pmatrix} \sin\theta(\boldsymbol{p}) \\ \cos\theta(\boldsymbol{p}) \end{pmatrix} a_\downarrow{}^\dagger(\boldsymbol{p})\, e^{iE(\boldsymbol{p})t + i\boldsymbol{p}\cdot\boldsymbol{x}} \right\} , \qquad (5.65\text{a})
$$

$$
\phi^2(x) = \frac{1}{\sqrt{(2\pi)^3}} \int d^3p \left\{ \begin{pmatrix} \cos\theta(\boldsymbol{p}) \\ -\sin\theta(\boldsymbol{p}) \end{pmatrix} \tilde{a}_\uparrow{}^\dagger(\boldsymbol{p})\, e^{-iE(\boldsymbol{p})t + ipx} + \begin{pmatrix} \sin\theta(\boldsymbol{p}) \\ \cos\theta(\boldsymbol{p}) \end{pmatrix} \tilde{a}_\downarrow(\boldsymbol{p})\, e^{iE(\boldsymbol{p})t - i\boldsymbol{p}\cdot\boldsymbol{x}} \right\} , \qquad (5.65\text{b})
$$

where

$$
E(\boldsymbol{p})^2 = \varepsilon(\boldsymbol{p}^2)^2 + \Delta^2 , \qquad (5.66)
$$

$$
\cos\theta(\boldsymbol{p}) = \sqrt{\frac{E(\boldsymbol{p}) + \varepsilon(\boldsymbol{p})}{2E(\boldsymbol{p})}} , \qquad \sin\theta(\boldsymbol{p}) = \sqrt{\frac{E(\boldsymbol{p}) - \varepsilon(\boldsymbol{p})}{2E(\boldsymbol{p})}} \qquad (5.67)
$$

and

$$
a_\uparrow(\boldsymbol{p}) = \alpha_\uparrow(\boldsymbol{p}, \beta)\, c\big(E(\boldsymbol{p})\big) + \tilde{\alpha}_\uparrow{}^\dagger d\big(E(\boldsymbol{p})\big) , \qquad (5.68\text{a})
$$

$$
a_\downarrow(\boldsymbol{p}) = \alpha_\downarrow(\boldsymbol{p}, \beta)\, c\big(E(\boldsymbol{p})\big) - \tilde{\alpha}_\downarrow{}^\dagger d\big(E(\boldsymbol{p})\big) , \qquad (5.68\text{b})
$$

$$
a_\uparrow(\boldsymbol{p}) = \tilde{\alpha}_\uparrow(\boldsymbol{p}, \beta)\, c\big(E(\boldsymbol{p})\big) - \alpha_\uparrow{}^\dagger d\big(E(\boldsymbol{p})\big) , \qquad (5.68\text{c})
$$

$$
\tilde{a}_\downarrow(\boldsymbol{p}) = \tilde{\alpha}_\downarrow(\boldsymbol{p}, \beta)\, c\big(E(\boldsymbol{p})\big) + \alpha_\downarrow{}^\dagger d\big(E(\boldsymbol{p})\big) . \qquad (5.68\text{d})
$$

The sign in front of $\tilde{a}_\downarrow^\dagger$ in (5.68b) is different from that in front of $\tilde{a}_\uparrow^\dagger$ in (5.68a), since the fermion number of $a_\uparrow(\boldsymbol{p})$ and $a_\downarrow(\boldsymbol{p})$ has the opposite sign. In other words, F in (2.46a, b) is now chosen as

$$F = \sum_{\boldsymbol{p}} [a_\uparrow^\dagger(\boldsymbol{p})\, a_\uparrow(\boldsymbol{p}) - \tilde{a}_\uparrow^\dagger(\boldsymbol{p})\, \tilde{a}_\uparrow(\boldsymbol{p}) - a_\downarrow^\dagger(\boldsymbol{p})\, a_\downarrow(\boldsymbol{p}) + \tilde{a}_\downarrow^\dagger(\boldsymbol{p})\, \tilde{a}_\downarrow(\boldsymbol{p})] .$$

From (5.65a, b), the free propagator is obtained as

$$S^{\alpha\beta}(p) = \frac{E(\boldsymbol{p}) + \varepsilon(\boldsymbol{p}^2)\,\sigma_3 - \Delta\sigma_1}{2E(\boldsymbol{p})} \left[U\big(E(\boldsymbol{p})\big) \begin{pmatrix} \dfrac{1}{p_0 - E(\boldsymbol{p}) + i\delta} & 0 \\ 0 & \dfrac{1}{p_0 - E(\boldsymbol{p}) - i\delta} \end{pmatrix} U^\dagger\big(E(\boldsymbol{p})\big) \right]$$

$$+ \frac{E(\boldsymbol{p}) - \varepsilon(\boldsymbol{p}^2)\,\sigma_3 + \Delta\sigma_1}{2E(\boldsymbol{p})} \left[U\big(-E(\boldsymbol{p})\big) \begin{pmatrix} \dfrac{1}{p_0 - E(\boldsymbol{p}) + i\delta} & 0 \\ 0 & \dfrac{1}{p_0 - E(\boldsymbol{p}) - i\delta} \end{pmatrix} U^\dagger\big(-E(\boldsymbol{p})\big) \right]$$

$$= \int_{-\infty}^{+\infty} dw\,\varepsilon(w)\, \delta\big(w^2 - E^2(\boldsymbol{p})\big) \big(w + \varepsilon(\boldsymbol{p})\,\sigma_3 - \Delta\sigma_1\big)\, U(w) \begin{pmatrix} \dfrac{1}{p_0 - w - i\delta} & 0 \\ 0 & \dfrac{1}{p_0 - w - i\delta} \end{pmatrix} U^\dagger(w), \tag{5.69}$$

where use was made of

$$c(-E) = d(E), \qquad d(-E) = c(E)$$

and

$$\varepsilon(w) = \begin{cases} 1 & \text{for} \quad w > 0 \\ -1 & \text{for} \quad w < 0 . \end{cases}$$

Especially we notice that

$$S^{\alpha\alpha}(p) = \big(p_0 + \varepsilon(\boldsymbol{p})\,\sigma_3 - \Delta\sigma_1\big) \left\{ \frac{1}{p_0^2 - \big(E(\boldsymbol{p}) + i\delta\big)^2} \begin{pmatrix} c^2\big(E(\boldsymbol{p})\big) \\ d^2\big(E(\boldsymbol{p})\big) \end{pmatrix} + \frac{1}{p_0^2 - \big(E(\boldsymbol{p}) + i\delta\big)^2} \begin{pmatrix} d^2\big(E(\boldsymbol{p})\big) \\ c^2\big(E(\boldsymbol{p})\big) \end{pmatrix} \right\}. \tag{5.70}$$

Since

$$\langle 0(\beta)|\, \psi_\downarrow(x)\, \psi_\uparrow(x)\, |0(\beta)\rangle = \frac{1}{2} \langle 0(\beta)|\, \phi^\dagger(x)\, \sigma_1 \phi(x)\, |0(\beta)\rangle$$
$$= - \lim_{\varepsilon \to 0} \frac{1}{2} \langle 0(\beta)|\, T\{\mathrm{tr}\, \sigma_1 \phi(t - \varepsilon, \boldsymbol{x})\, \phi^\dagger(t + \varepsilon, \boldsymbol{x})\}\, |0(\beta)\rangle ,$$

the gap equation is obtained from (5.54) as

$$2\Delta = \frac{i\lambda}{(2\pi)^4} \int_c d^4p\, \mathrm{tr}\, \{\sigma_1 S^{11}(p)_\beta\} \tag{5.71}$$

with c being the integral path shown in Fig. 6: Then we have from (5.70)

$$1 = - \frac{\lambda}{(2\pi)^3} \int d^3p\, \frac{1}{2E(\boldsymbol{p})} \Big(c^2\big(E(\boldsymbol{p})\big) - d^2\big(E(\boldsymbol{p})\big)\Big). \tag{5.72}$$

Next we show that there appears a bound state (or resonance state) in $\chi(x) = \phi^\dagger(x)$ $\sigma_2\phi(x)$ and obtain the bound state contribution to the current

$$j_0(x) = \psi_\uparrow^\dagger(x)\,\psi_\uparrow(x) + \psi_\downarrow^\dagger(x)\,\psi_\downarrow(x),$$

$$\boldsymbol{j}(x) = \frac{1}{2mi}\,\{\psi_\uparrow^\dagger(x)\,\nabla\psi_\uparrow(x) - \nabla\psi_\uparrow^\dagger(x)\,\psi_\uparrow(x) + \psi_\downarrow^\dagger(x)\,\nabla\psi_\downarrow(x) - \nabla\psi_\downarrow^\dagger(x)\,\psi_\downarrow(x)\}.$$

We first notice that the dual extension of $\chi(x)$ and $j_\mu(x)$ ($\mu = 0, 1, 2, 3$) are given by

$$\chi^\alpha(x) = \varepsilon^\alpha\phi^{\alpha\dagger}(x)\,\sigma_2\phi^\alpha(x), \tag{5.73a}$$

$$j_0{}^\alpha(x) = \varepsilon^\alpha\phi^{\alpha\dagger}(x)\,\sigma_3\phi^\alpha(x), \tag{5.73b}$$

$$\boldsymbol{j}^\alpha(x) = \frac{1}{2mi}\,\varepsilon^\alpha\{\phi^{\alpha\dagger}(x)\,\nabla\phi^\alpha(x) - \nabla\phi^{\alpha\dagger}(x)\,\phi^\alpha(x)\}. \tag{5.73c}$$

We calculate the Green's functions

$$\langle 0(\beta)|\,T\chi^\alpha(x)\,\chi^\beta(y)\,|0(\beta)\rangle = \frac{i}{(2\pi)^4}\int dp^4\Delta^{\alpha\beta}(p)\,e^{-ip(x-y)} \tag{5.74}$$

and

$$\langle 0(\beta)|\,Tj_\mu{}^\alpha(x)\,\chi^\beta(y)\,|0(\beta)\rangle = \frac{1}{(2\pi)^4}\int d^4p\Delta_\mu{}^{\alpha\beta}(p)\,e^{-ip(x-y)}. \tag{5.75}$$

In the chain approximation for the σ_2-term in (5.63c), we have

$$\Delta^{\alpha\beta}(p) = \{D(p)\,N^{-1}(p)\,\tau_3\}^{\alpha\beta}, \tag{5.76}$$

$$\Delta_\mu{}^{\alpha\beta}(p) = \{D_\mu(p)\,N^{-1}(p)\,\tau_3\}^{\alpha\beta}, \tag{5.77}$$

where

$$D^{\alpha\beta}(p) = \frac{-i}{(2\pi)^4}\int d^4k\,\mathrm{tr}\,\{\varepsilon^\alpha S^{\alpha\beta}(k+p/2)\,\sigma_2 S^{\beta\alpha}(k-p/2)\,\sigma_2\varepsilon^\beta\}, \tag{5.78}$$

$$N^{\alpha\beta}(p) = \tau_3{}^{\alpha\beta} - \frac{\lambda}{2}\,D^{\alpha\beta}(p), \tag{5.79}$$

$$D_0{}^{\alpha\beta}(p) = \frac{-i}{(2\pi)^4}\int d^4k\,\mathrm{tr}\,\{\varepsilon^\alpha S^{\alpha\beta}(k+p/2)\,\sigma_2 S^{\beta\alpha}(k-p/2)\,\sigma_3\varepsilon^\beta\}, \tag{5.80}$$

$$D_i{}^{\alpha\beta}(p) = \frac{-i}{(2\pi)^4}\int d^4k\,\frac{k_i}{m}\,\mathrm{tr}\,\{\varepsilon^\alpha S^{\alpha\beta}(k+p/2)\,\sigma_2 S^{\beta\alpha}(k-p/2)\,\varepsilon^\beta\}. \tag{5.81}$$

We can easily see that

$$D_M{}^{\alpha\beta}(p) = \frac{-i}{(2\pi)^4}\int d^4k\,\mathrm{tr}\,\{\varepsilon^\alpha S^{\alpha\beta}(k+p/2)\,\sigma_2 S^{\beta\alpha}(k-p/2)\,M\varepsilon^\beta\} \tag{5.82}$$

has the spectral representation

$$D_M{}^{\alpha\beta}(p) = \int_{-\infty}^{+\infty} d\varkappa\,\sigma_M(\varkappa, \boldsymbol{p})\,U_B(\varkappa)\begin{pmatrix} \dfrac{1}{p_0 - \varkappa + i\delta} & 0 \\ 0 & \dfrac{-1}{p_0 - \varkappa - i\delta} \end{pmatrix} U_B{}^\dagger(\varkappa) \tag{5.83}$$

with

$$\sigma_M(\varkappa, \boldsymbol{p}) = \frac{1}{(2\pi)^3} \int d^3k \int dw_+ \, dw_- \varepsilon(w_+) \, \varepsilon(w_-) \, \delta(w_+^2 - E_+^2) \, \delta(w_-^2 - E_-^2)$$
$$\times \delta\big(\varkappa - (w_+ - w_-)\big) \operatorname{tr} \{(w_+ + \varepsilon_+\sigma_3 - \Delta\sigma_1) \, \sigma_2(w_- + \varepsilon_-\sigma_3 - \Delta\sigma_1) \, M\}$$
$$\times \{d^2(w_+) - d^2(w_-)\}, \tag{5.84}$$

where we used the notation

$$E_+ = E(\boldsymbol{k} + \boldsymbol{p}/2), \qquad E_- = E(\boldsymbol{k} - \boldsymbol{p}/2)$$
$$\varepsilon_+ = \varepsilon(\boldsymbol{k} + \boldsymbol{p}/2), \qquad \varepsilon_- = \varepsilon(\boldsymbol{k} - \boldsymbol{p}/2).$$

Putting $M = \sigma_2, \sigma_3, k_i/m$ and performing w_+, w_- integration, we have $\sigma(\varkappa, \boldsymbol{p})$, $\sigma_0(\varkappa, \boldsymbol{p})$ and $\sigma_i(\varkappa, \boldsymbol{p})$ corresponding to D, D_0, D_i respectively:

$$\sigma(\varkappa, \boldsymbol{p}) = \varepsilon(\varkappa) \frac{1}{(2\pi)^3} \int d^3k \Big\{ \delta\big(\varkappa^2 - (E_+ - E_-)^2\big)$$
$$\times \frac{(E_+ + E_-)(E_+E_- - \varepsilon_+\varepsilon_- - \Delta^2)}{E_+E_-} \big(d^2(E_-) - d^2(E_+)\big)$$
$$+ \delta\big(\varkappa^2 - (E_+ + E_-)^2\big) \frac{(E_+ + E_-)(E_+E_- + \varepsilon_+\varepsilon_- + \Delta^2)}{E_+E_-} \big(c^2(E_-) - d^2(E_+)\big)\Big\}, \tag{5.85a}$$

$$\sigma_0(\varkappa, \boldsymbol{p}) = \frac{i\Delta}{(2\pi)^3} \int d^3k \Big\{ \delta\big(\varkappa^2 - (E_+ - E_-)^2\big) \frac{(E_+ - E_-)\,|E_+ - E_-|}{E_+E_-} \big(d^2(E_-) - d^2(E_+)\big)$$
$$- \delta\big(\varkappa^2 - (E_+ + E_-)^2\big) \frac{(E_+ + E_-)^2}{E_+E_-} \big(c^2(E_-) - d^2(E_+)\big)\Big\}, \tag{5.85b}$$

$$\sigma_i(\varkappa, \boldsymbol{p}) = \varepsilon(\varkappa) \frac{i\Delta}{(2\pi)^3} \int d^3k \frac{k_i}{m} \frac{\varepsilon_+ - \varepsilon_-}{E_+E_-} \big\{\delta\big(\varkappa^2 - (E_+ - E_-)^2\big) (E_+ - E_-)$$
$$\times \big(d^2(E_-) - d^2(E_+)\big) - \delta\big(\varkappa^2 - (E_+ + E_-)^2\big) (E_+ + E_-) \big(c^2(E_-) - d^2(E_+)\big)\big\}. \tag{5.85c}$$

Now we will obtain the spectral function of $\Delta(p)$ and $\Delta_\mu(p)$:

$$\Delta(p) = \int d\varkappa \varrho(\varkappa, \boldsymbol{p}) \, U_B(\varkappa) \begin{pmatrix} \dfrac{1}{p_0 - \varkappa + i\delta} & 0 \\ 0 & \dfrac{-1}{p_0 - \varkappa - i\delta} \end{pmatrix} U_B^\dagger(\varkappa) \tag{5.86a}$$

$$\Delta_\mu(p) = \int d\varkappa \varrho_\mu(\varkappa, \boldsymbol{p}) \, U_B(\varkappa) \begin{pmatrix} \dfrac{1}{p_0 - \varkappa + i\delta} & 0 \\ 0 & \dfrac{-1}{p_0 - \varkappa - i\delta} \end{pmatrix} U_B^\dagger(\varkappa). \tag{5.86b}$$

We put

$$R(p_0, \boldsymbol{p}) = \mathscr{P} \int d\varkappa \, \frac{\sigma(\varkappa, \boldsymbol{p})}{p_0 - \varkappa} \tag{5.87a}$$

$$R_\mu(p_0, \boldsymbol{p}) = \mathscr{P} \int d\varkappa \, \frac{\sigma_\mu(\varkappa, \boldsymbol{p})}{p_0 - \varkappa}. \tag{5.87b}$$

Then from (5.76), (5.77), (5.79), we have

$$\Delta(p) = [R\tau_3 - i\pi\sigma U_B{}^2(p_0)] \left\{\left(1 - \frac{\lambda}{2} R\right) \tau_3 + i\pi \frac{\lambda}{2} \sigma U_B{}^2(p_0)\right\}^{-1} \tau_3$$

$$= \frac{\left\{R\left(1 - \frac{\lambda}{2} R\right) - \frac{\lambda}{2} \pi^2\sigma\right\} \tau_3 - i\pi\sigma U_B{}^2}{\left(1 - \frac{\lambda}{2} R\right)^2 + \left(\frac{\lambda}{2} \pi\sigma\right)^2}, \tag{5.88a}$$

$$\Delta_\mu(p) = \frac{\left\{R_\mu\left(1 - \frac{\lambda}{2} R\right) - \frac{\lambda}{2} \pi^2\sigma_\mu\sigma\right\} \tau_3 - i\pi \left\{\left(1 - \frac{\lambda}{2} R\right) \sigma_\mu + \frac{\lambda}{2} \sigma R_\mu\right\} U_B{}^2}{\left(1 - \frac{\lambda}{2} R\right)^2 + \left(\frac{\lambda}{2} \pi\sigma\right)^2}. \tag{5.88b}$$

Comparing the imaginary part of (5.86a, b) and (5.88a, b), we get

$$\varrho(p_0, \boldsymbol{p}) = \frac{\sigma(p_0, \boldsymbol{p})}{\left\{1 - \frac{\lambda}{2} R(p_0, \boldsymbol{p})\right\}^2 + \left(\frac{\lambda}{2} \pi\sigma(p_0, \boldsymbol{p})\right)^2}, \tag{5.89a}$$

$$\varrho_\mu(p_0, \boldsymbol{p}) = \frac{\left(1 - \frac{\lambda}{2} R(p_0, \boldsymbol{p})\right) \sigma_\mu(p_0, \boldsymbol{p}) + \frac{\lambda}{2} \sigma(p_0, \boldsymbol{p}) R_\mu(p_0, \boldsymbol{p})}{\left(1 - \frac{\lambda}{2} R(p_0, \boldsymbol{p})\right)^2 + \left(\frac{\lambda}{2} \pi\sigma(p_0, \boldsymbol{p})\right)^2}. \tag{5.89b}$$

When $\sigma(p_0, \boldsymbol{p}) \ll 1$, the resonance position is determined by

$$\frac{\lambda}{2} R(p_0, \boldsymbol{p})\bigg|_{p_0 = \omega_B(\boldsymbol{p})} = 1. \tag{5.90}$$

The $R(p_0, \boldsymbol{p})$ is explicitly given from (5.85a) and (5.87a) as

$$R(p_0, \boldsymbol{p}) = \frac{1}{(2\pi)^3} \int d^3k \left[\frac{(E_+ - E_-)(E_+E_- - \varepsilon_+\varepsilon_- - \Delta^2)}{E_+E_-} \frac{d^2(E_-) - d^2(E_+)}{p_0{}^2 - (E_+ - E_-)^2}\right.$$
$$\left. + \frac{(E_+ + E_-)(E_+E_- + \varepsilon_+\varepsilon_- + \Delta^2)}{E_+E_-} \frac{1 - d^2(E_+) - d^2(E_-)}{p_0{}^2 - (E_+ + E_-)^2}\right]. \tag{5.91}$$

At $p_0 = 0, \boldsymbol{p} = 0$, $R(0, 0)$ has the value,

$$R(0,0) = \frac{2}{\lambda}, \tag{5.92}$$

when (5.72) is considered. Therefore, there is at least one $\omega_B(\boldsymbol{p})$ which satisfies (5.90) and tends to zero as $\boldsymbol{p} \to 0$. Since $R(p_0, \boldsymbol{p})$ is the function of p_0^2, $R(p_0, \boldsymbol{p})$ is expanded near $p_0 = \omega_B(\boldsymbol{p})$ as

$$R(p_0, \boldsymbol{p}) = \frac{2}{\lambda} + \left(p_0^2 - \omega_B^2(\boldsymbol{p})\right) \frac{\partial}{\partial p_0^2} R(p_0, \boldsymbol{p}) \Big|_{p_0^2 = \omega_B^2} + \cdots. \tag{5.93}$$

Near $p_0 = \omega_B(\boldsymbol{p})$, $\varrho(p_0, \boldsymbol{p})$ and $\varrho_\mu(p_0, \boldsymbol{p})$ are approximated as

$$\varrho(p_0, \boldsymbol{p}) = \frac{F(\boldsymbol{p})}{2\pi\omega_B(\boldsymbol{p})} \frac{\gamma(\boldsymbol{p})}{\left(p_0 - \omega_B(\boldsymbol{p})\right)^2 + \gamma^2(\boldsymbol{p})}, \tag{5.94a}$$

$$\varrho_\mu(p_0, \boldsymbol{p}) = \frac{F_\mu(\boldsymbol{p})}{2\pi\omega_B(\boldsymbol{p})} \frac{\gamma(\boldsymbol{p})}{\left(p_0 - \omega_B(\boldsymbol{p})\right)^2 + \gamma^2(\boldsymbol{p})}, \tag{5.94b}$$

where

$$\gamma(\boldsymbol{p}) = \frac{\pi}{2\omega_B(\boldsymbol{p})} \frac{\sigma\left(\omega_B(\boldsymbol{p}), \boldsymbol{p}\right)}{\left\{-\frac{\partial}{\partial p_0^2} R\left(\omega_B(\boldsymbol{p}), \boldsymbol{p}\right)\right\}}, \tag{5.95a}$$

$$F(\boldsymbol{p}) = \left(\frac{2}{\lambda}\right)^2 \left\{-\frac{\partial}{\partial p_0^2} R\left(\omega_B(\boldsymbol{p}), \boldsymbol{p}\right)\right\}^{-1}, \tag{5.95b}$$

$$F_\mu(\boldsymbol{p}) = \frac{2}{\lambda} R_\mu\left(\omega_B(\boldsymbol{p}), \boldsymbol{p}\right) \left\{-\frac{\partial}{\partial p_0^2} R\left(\omega_B(\boldsymbol{p}), \boldsymbol{p}\right)\right\}^{-1}. \tag{5.95c}$$

The R_0 and R_i are given from (5.85b, c) and (5.87b) as

$$R_0(p_0, \boldsymbol{p}) = \frac{i\Delta p_0}{(2\pi)^3} \int d^3k \left\{\frac{E_+ - E_-}{E_+E_-} \frac{d^2(E_-) - d^2(E_+)}{p_0^2 - (E_+ - E_-)^2} - \frac{E_+ + E_-}{E_+E_-} \frac{1 - d^2(E_-) - d^2(E_+)}{p_0^2 - (E_+ + E_-)^2}\right\}, \tag{5.96a}$$

$$R_i(p_0, \boldsymbol{p}) = \frac{i\Delta}{(2\pi)^3} \int d^3k \frac{k_i}{m} \left\{\frac{(\varepsilon_+ - \varepsilon_-)(E_+ - E_-)}{E_+E_-} \frac{d^2(E_-) - d^2(E_+)}{p_0^2 - (E_+ - E_-)^2} - \frac{(\varepsilon_+ - \varepsilon_-)(E_+ + E_-)}{E_+E_-} \frac{1 - d^2(E_-) - d^2(E_+)}{p_0^2 - (E_+ + E_-)^2}\right\}. \tag{5.96b}$$

By use of

$$\frac{\boldsymbol{k} \cdot \boldsymbol{p}}{m} = \varepsilon_+ - \varepsilon_-,$$

and

$$\begin{aligned}(\varepsilon_+ - \varepsilon_-)^2 &= (E_+ + E_-)^2 - 2(E_+E_- + \varepsilon_+\varepsilon_- + \Delta^2) \\ &= (E_+ - E_-)^2 + 2(E_+E_- - \varepsilon_+\varepsilon_- - \Delta^2).\end{aligned}$$

we have

$$p_iR_i(p_0, \boldsymbol{p}) - p_0R_0(p_0, \boldsymbol{p}) = \frac{-i\Delta}{(2\pi)^3} \int d^3k \left\{\frac{E_+ - E_-}{E_+E_-} \left(d^2(E_-) - d^2(E_+)\right)\right.$$

$$\left. - \frac{E_+ + E_-}{E_+E_-} \left(1 - d^2(E_-) - d^2(E_+)\right)\right\}$$

$$+ \frac{2i\Delta}{(2\pi)^3} \int d^3k \left\{\frac{(E_+ - E_-)(E_+E_- - \varepsilon_+\varepsilon_- - \Delta^2)}{E_+E_-} \frac{d^2(E_-) - d^2(E_+)}{p_0^2 - (E_+ - E_-)^2}\right.$$

$$\left. + \frac{(E_+ + E_-)(E_+E_- + \varepsilon_+\varepsilon_- + \Delta^2)}{E_+E_-} \frac{1 - d^2(E_-) - d^2(E_+)}{p_0^2 - (E_+ + E_-)^2}\right\}. \tag{5.97}$$

The first term on the right hand side of (5.97) is $4i\Delta/\lambda$, since

$$\frac{1}{(2\pi)^3} \int d^2k \left\{\frac{E_+ - E_-}{E_+E_-} \left(d^2(E_-) - d^2(E_+)\right) - \frac{E_+ + E_-}{E_+E_-} \left(1 - d^2(E_-) - d^2(E_+)\right)\right\}$$

$$= \frac{1}{(2\pi)^3} \int d^3k \left\{\frac{1}{E_-} \left(2d^2(E_-) - 1\right) + \frac{1}{E_+} \left(2d^2(E_+) - 1\right)\right\}$$

$$= -\frac{4}{(2\pi)^3} \int d^3k \frac{1}{2E(\boldsymbol{k})} \left(c^2(E(\boldsymbol{k})) - d^2(E(\boldsymbol{k}))\right)$$

(see (5.72)).
Also the second term on the right hand side of (5.97) has the value $-4i\Delta/\lambda$ when $p_0^2 = \omega_B(\boldsymbol{p})^2$ (see (5.90) and (5.91)).
Therefore

$$p_iR_i(p_0, \boldsymbol{p}) - p_0R_0(p_0, \boldsymbol{p}) = 0 \quad \text{at} \quad p_0^2 = \omega_B^2(\boldsymbol{p}),$$

which shows that the current is conserved.
We write $R_\mu(\omega_B(\boldsymbol{p}), \boldsymbol{p})$ as

$$R_0(\omega_B(\boldsymbol{p}), \boldsymbol{p}) = -ip_0\Delta\tilde{R}(\boldsymbol{p}^2),$$

$$R_i(\omega_B(\boldsymbol{p}), \boldsymbol{p}) = -ip_i\Delta v_B^2(\boldsymbol{p}^2)\,\tilde{R}(\boldsymbol{p}^2)$$

with

$$\omega_B^2(\boldsymbol{p}^2) = \boldsymbol{p}^2 v_B^2(\boldsymbol{p}^2) \tag{5.98}$$

and

$$\tilde{R}(\boldsymbol{p}^2) = \frac{1}{(2\pi)^3} \int d^3k \left\{\frac{E_+ - E_-}{E_+E^-} \frac{d^2(E_-) - d^2(E_+)}{\omega_B(\boldsymbol{p})^2 - (E_+ - E_-)^2}\right.$$

$$\left. - \frac{E_+ + E_-}{E_+E_-} \frac{1 - d^2(E_-) - d^2(E_+)}{\omega_B(\boldsymbol{p})^2 - (E_+ + E_-)^2}\right\}. \tag{5.99}$$

Finally we have

$$F(\boldsymbol{p}) = \left(\frac{2}{\lambda}\right)^2 \left\{-\frac{\partial}{\partial p_0^2} R(\omega_B(\boldsymbol{p}), \boldsymbol{p})\right\}^{-1}, \tag{5.100a}$$

$$F_0(\boldsymbol{p}) = -ip_0 \frac{\lambda\Delta}{2} \tilde{R}(\boldsymbol{p}^2)\, F(\boldsymbol{p}), \tag{5.100b}$$

$$F_i(\boldsymbol{p}) = -ip_i \frac{\lambda\Delta}{2} v_B^2(\boldsymbol{p}^2)\, \tilde{R}(\boldsymbol{p}^2)\, F(\boldsymbol{p}). \tag{5.100c}$$

In the limit $\gamma(\boldsymbol{p}) \to 0$, $\varrho(p_0, \boldsymbol{p})$ and $\varrho_\mu(p_0, \boldsymbol{p})$ given in (5.94a, b) reduce to

$$\varrho(p_0, \boldsymbol{p}) = \frac{F(\boldsymbol{p})}{2\omega_B(\boldsymbol{p})}\, \delta\big(p_0 - \omega_B(\boldsymbol{p})\big), \tag{5.101 a}$$

$$\varrho_\mu(p_0, \boldsymbol{p}) = \frac{F_\mu(\boldsymbol{p})}{2\omega_B(\boldsymbol{p})}\, \delta\big(p_0 - \omega_B(\boldsymbol{p})\big). \tag{5.101 b}$$

Defining quasi-particles $B^{\text{in}}(x)$ by

$$\left[\left(i\, \frac{\partial}{\partial t}\right)^2 - \omega_B{}^2(-i\nabla)\right] B^{\text{in}}(x) = 0\,, \tag{5.102}$$

$\chi(x)$ and $j_\mu(x)$ are expressed as

$$\chi(x) = F(-i\nabla)^{1/2}\, B^{\text{in}}(x) + \cdots \tag{5.103 a}$$

$$j_\mu(x) = F_\mu(-i\nabla)\, F(-i\nabla)^{-1/2}\, B^{\text{in}}(x) + \cdots. \tag{5.103 b}$$

From (5.100b, c), $j_0(x)$ and $j_i(x)$ are rewritten as

$$j_0(x) = -\eta(-i\nabla)\, \dot{B}^{\text{in}}(x) + \cdots \tag{5.104 a}$$

$$j_i(x) = v_B{}^2(-\nabla^2)\, \eta(-i\nabla)\, \nabla B^{\text{in}}(x) + \cdots \tag{5.104 b}$$

with

$$\eta(-i\nabla)^2 = \left(\frac{\lambda\Delta}{2}\right)^2 F(-i\nabla)\, \tilde{R}(-\nabla^2)^2. \tag{5.105}$$

Briefly we discuss the connection with the ref. [9]. Since only $(\phi^\dagger\sigma_2\phi)^2$ chain is considered, there is a slight difference from the results of the ref. [9]. The $\tilde{R}$ in (5.99) is $-4/\lambda\, R_\beta$ in (A.6.8) of ref. [9]. The $(1 - \lambda/2\, R)$ is $(E^2 - \overline{\omega}_l{}^2)\, R_\beta$ in (A.6.13) of ref. [9]. So in the present case, $F(\boldsymbol{q})$ is given by $2/\lambda\, R_\beta^{-1}$ in their notation. Therefore $\eta(-i\nabla)^2 = 8\Delta^2/\lambda\, R_\beta$. From the present analysis, we can see that all integration in the ref. [9] should be replaced by their principal value. This is the reason why the current becomes real.

6. Conclusion

We proved that the causal Green's functions in the thermo-field dynamics can be continued analytically. We showed explicitly in a few examples that the Feynman diagram technique works well. We presented also a general method of constructing the spectrum representation at finite temperature. In the present formalism, perturbation corrections can be calculated using Feynman rules, though the calculation may become complicated because the Heisenberg fields are doubled. A significant point is that there appear the

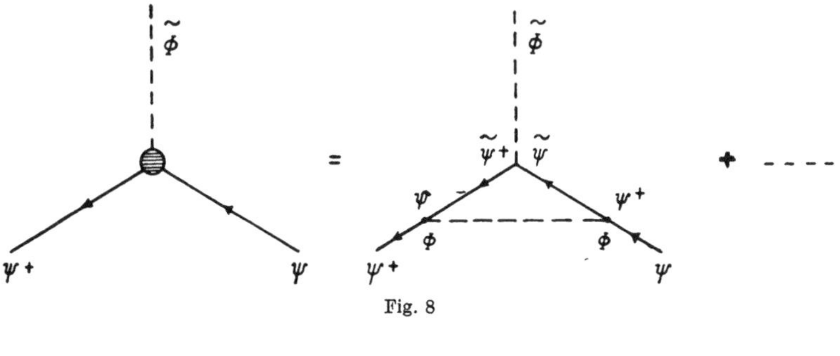

Fig. 8

couplings which effectively mix the non-tilde and tilde fields when one considers the higher order corrections. (see Fig. 8 for example) The couplings do not appear when $T = 0$ K, implying that they can be regarded as the thermal effect. When the temperature becomes higher, that effect may be not negligible. Clarification of intution behind this formalism is a future problem.
It is remarkable that the temperature effects can be consistently take into account simply by replacing the Lagrangian $\mathscr{L}(x)$ by $\hat{\mathscr{L}}(x)$ $\left(= \mathscr{L}(x) - \tilde{\mathscr{L}}(x)\right)$ even when there is an interaction. For example, we see that the negative sign in front of $\tilde{\mathscr{L}}(x)$ plays important roles in examples in Section 5 to lead to the right spectrum representation. If we notice that the total Hamiltonian $\hat{H}$ is given by $\hat{H} = H - \tilde{H}$, we may be able to interpret that $\tilde{H}$ is the energy loss given to the thermal reserver [*10*].

Acknowledgements

I would like to express my sincere thanks to Professors H. Umezawa, Y. Takahashi and H. J. Kreuzer for their critical comments and helpful discussions.

References

[*1*] T. MATSUBARA, Progr. Theor. Phys. **14** (1955) 351.
[*2*] See for example, A. A. ABRIKOSOV, L. GORKOV, I. DZYALOSHINSKI, "Method of Quantum Field Theory in Statistical Physics", Pergamon, Oxford, 1965.
[*3*] D. ZUBAREV, Soviet Physics. Uspechi **3** (1960) 320; D. A. KIRZHNITS, "Field Theoretical Methods in Many-Body Systems", Pergamon Press, Oxford 1967.
[*4*] Y. TAKAHASHI, H. UMEZAWA, Collective Phenomena **2** (1975) 55.
[*5*] H. LEHMAN, K. SYMANZIK, W. ZIMMERMANN, Nuovo Cimento **1** (1955) 205.
[*6*] See also, H. ARAKI, E. J. WOODS, J. Math. Phys. **4** (1963) 637; H. ARAKI, W. WYSS, Helv. Phys. Acta **37** (1964) 136; R. HAAG, N. W. HUGENBORTZ, M. WINNIHK, Comm. Math. Phys. **5** (1967) 215.
[*7*] L. D. LANDAU, Zh. eksper. teor. Fiz **34** (1958) 262 (Soviet Physics-JETP **7** (1958) 182).
[*8*] M. GELL-MANN, F. E. LOW, Phys. Rev. **84** (1951) 350.
[*9*] L. LEPLACE, F. MANCINI, H. UMEZAWA, Phys. Reports **10C** (1974) 151.
[*10*] As for an intuitive interpretation of tilde field, see H. J. KREUZER, C. G. KUPER, "On the Approach to Equilibrium in a Gibbs Ensemble" (University of Alberta preprint 1974); G. L. SEWELL, Ann. Phys. **85** (1974) 336.

Fortschritte der Physik 25, 37–82 (1977)

Quantum Mechanics in Non-inertial Frames of Reference

ERNST SCHMUTZER

Sektion Physik, Friedrich-Schiller-Universität Jena, Jena, GDR

JERZY PLEBAŃSKI

Institute for Theoretical Physics, University Warszawa, Warsaw, Poland

Contents

1. Introduction

In his "Principia" Newton in 1687 published the basic laws of non-relativistic mechanics in inertial frames. Furthermore, he already knew the centripetal correction term. But it took until 1830 for Coriolis to complete the fundamentals of non-relativistic mechanics. In the field of mechanics the non-inertial effects are obvious even in daily life.
Concerning electromagnetic phenomena, the additional correction terms in the usual Maxwell equations were deduced uniquely only some years ago. This paper will treat some fundamental problems of quantum mechanics in non-inertial frames.
Let us start with the following question: how does non-inertiality of a frame of reference from which quantum mechanical phenomena are studied affect their dynamics? It is to be expected that the classical "apparent forces" must have their quantum mechanical counterparts. We suggest that these forces somehow influence the spectra. In other words, physically the problem is this: with what sort of new atomic phenomena will an observer be confronted whose laboratory is located in an arbitrarily moving frame, e.g. a rocket which performs during its motion some arbitrary translations and rotations (all with respect to the inertial frame).
Of course, one can also look at this problem in another way: if some atomic systems perform macroscopic motions (e.g. rotating crystal) then one can expect some influence on their dynamics due to the macroscopic "apparent forces" (centrifugal, Coriolis, etc.). One can also say that, even if in practice the expected effects are going to be negligible, the subject still deserves interest as a matter of principle: as we know from General Relativity, inertial frames do not exist. In other words, gravitation is responsible for the non-inertiality of all (global) frames of reference. In order to be able to improve our understanding of the meaning of gravitation in quantum physics, according to the fundamental ideas of General Relativity, it appears convenient first to examine and understand quantum mechanics in artifical non-inertial frames.
To treat this whole subject, which is rather scantily investigated in the literature, we review the situation in relativistic mechanics and electromagnetism — fields in which research work concerning the fundamentals has practically been concluded. We need these results in as far as quantum phenomena are usually very tightly connected with electromagnetism.
After that we try to find the correct form of quantum mechanical laws by constructing a unitary transformation operator which leads from an inertial frame — in which these laws are well known — to an arbitrarily moving frame of reference. Here the question of the uniqueness of this transformation operator may arise. We answer this question by deriving the quantum mechanical fundamentals also on the basis of the general-relativistic Dirac equation which, of course, is valid in any arbitrary frame of reference.

2. Mechanics and electromagnetism

2.1. Mathematical preliminaries

Before passing over to special physical subjects, let us first summarize the most important mathematical tools which are applied in the following chapters.
The General Theory of Relativity provides us, as is well known, with the generally covariant form of the laws of nature. This means that, if we take for granted the general-relativistic fundamental equations of mechanics, electromagnetism, quantum theory, gravitation, etc., we already possess the physical laws to be considered in an arbitrary

non-inertial frame of reference. At first glance it may seem that there is no special need for a theory of physical laws in a non-inertial frame, because the general theory exists. But to compare experiments with the theory, we need those 3-dimensional concepts which correspond to measurable physical quantities. Since the exact physical theory is presented in a 4-dimensional formalism, we have to ask, how one can extract uniquely from this formalism a 3-dimensional formalism with the property of being covariant with respect to the transformation (2.1). This can be done by frame-tensors. This statement is extremely important for understanding the measuring process in General Relativity Theory. The key to this programme is a certain subgroup of the general coordinate transformation group, especially investigated by C. MØLLER namely

$$x^{\mu'} = x^{\mu'}(x^\nu), \qquad x^{4'} = x^{4'}(x^\nu, x^4). \tag{2.1}$$

(Greek indices run from 1 to 3). Since this subgroup exhausts all coordinate transformations which leave a frame of reference unchanged, we call them frame-invariant (bezugsinvariant) coordinate transformations. Tensors with respect to this subgroup we name frame-tensors (Bezugstensoren) [*1*].

In this field also several other authors were engaged, mostly with their own formalisms and ideas [*2*]. ZELMANOV calls quantities of this type chronometric invariants. We follow here the geometric theory of the 3-dimensional physical space and the physical time, developed some years ago [*1*]. The frame-tensors are constructed according to the scheme

$$\begin{aligned} \overline{T}^\mu &= T^\mu, & \overline{T}^4 &= T^4 + \frac{g_{4\nu}}{g_{44}} T^\nu, \\ \overline{T}_\mu &= T_\mu - \frac{g_{4\mu}}{g_{44}} T_4, & \overline{T}_4 &= T_4, \end{aligned} \tag{2.2}$$

whereas the 3-dimensional projective covariant derivatives have the following structure

$$\overline{T}^m_{\llcorner k} = \overline{T}^m_{\llcorner k} + \overline{\begin{Bmatrix} m \\ ik \end{Bmatrix}} \overline{T}^i, \qquad \overline{T}_{m \llcorner k} = \overline{T}_{m\llcorner k} - \overline{\begin{Bmatrix} i \\ mk \end{Bmatrix}} \overline{T}_i \tag{2.3}$$

with the projective partial derivatives

$$T^{\cdot\cdot}_{\cdot\cdot\llcorner\mu} = T^{\cdot\cdot}_{\cdot\cdot,\mu} - \frac{g_{4\mu}}{g_{44}} T^{\cdot\cdot}_{\cdot\cdot,4}, \qquad T^{\cdot\cdot}_{\cdot\cdot\llcorner 4} = T^{\cdot\cdot}_{\cdot\cdot,4} \tag{2.4}$$

and the affinities

$$\begin{aligned}
\overline{\begin{Bmatrix} \alpha \\ \beta\gamma \end{Bmatrix}} &= \begin{Bmatrix} \alpha \\ \beta\gamma \end{Bmatrix} - \frac{g_{4\beta}}{g_{44}} \begin{Bmatrix} \alpha \\ 4\gamma \end{Bmatrix} - \frac{g_{4\gamma}}{g_{44}} \begin{Bmatrix} \alpha \\ 4\beta \end{Bmatrix} + \frac{g_{4\beta} g_{4\gamma}}{(g_{44})^2} \begin{Bmatrix} \alpha \\ 44 \end{Bmatrix}, \\
\overline{\begin{Bmatrix} 4 \\ 4\beta \end{Bmatrix}} &= \begin{Bmatrix} 4 \\ 4\beta \end{Bmatrix} + \frac{g_{4\alpha}}{g_{44}} \begin{Bmatrix} \alpha \\ 4\beta \end{Bmatrix} - \frac{g_{4\beta}}{g_{44}} \begin{Bmatrix} 4 \\ 44 \end{Bmatrix} - \frac{g_{4\alpha} g_{4\beta}}{(g_{44})^2} \begin{Bmatrix} \alpha \\ 44 \end{Bmatrix}, \\
\overline{\begin{Bmatrix} \alpha \\ \beta 4 \end{Bmatrix}} &= \begin{Bmatrix} \alpha \\ \beta 4 \end{Bmatrix} - \frac{g_{4\beta}}{g_{44}} \begin{Bmatrix} \alpha \\ 44 \end{Bmatrix}, \\
\overline{\begin{Bmatrix} 4 \\ 44 \end{Bmatrix}} &= \begin{Bmatrix} 4 \\ 44 \end{Bmatrix} + \frac{g_{4\gamma}}{g_{44}} \begin{Bmatrix} \gamma \\ 44 \end{Bmatrix}, \\
\overline{\begin{Bmatrix} \alpha \\ 4\beta \end{Bmatrix}} &= \overline{\begin{Bmatrix} \alpha \\ 44 \end{Bmatrix}} = \overline{\begin{Bmatrix} 4 \\ \alpha\beta \end{Bmatrix}} = \overline{\begin{Bmatrix} 4 \\ \alpha 4 \end{Bmatrix}} = 0,
\end{aligned} \tag{2.5}$$

where the $\begin{Bmatrix} i \\ jk \end{Bmatrix}$ are the Christoffel symbols (Latin indices run from 1 to 4).

Further, it is convenient to introduce the metric 4-vector with respect to frame-invariant transformations:

$$g_m = \frac{g_{4m}}{\sqrt{-g_{44}}}, \tag{2.6}$$

with the help of which the square of the physical length line element

$$(d\boldsymbol{r})^2 = (d\sigma)^2 = (g_{\mu\nu} + g_\mu g_\nu)\, dx^\mu\, dx^\nu = \bar{g}_{\mu\nu}\, dx^\mu\, dx^\nu \tag{2.7}$$

and the physical time element

$$dt = -\frac{1}{c}\, g_m\, dx^m \tag{2.8}$$

are defined. Finally, we need a frame-covariant definition of the vector product of the two vectors

$$\boldsymbol{a} = \bar{\boldsymbol{e}}_\mu \bar{a}^\mu \qquad \text{and} \qquad \boldsymbol{b} = \bar{\boldsymbol{e}}_\mu \bar{b}^\mu, \tag{2.9}$$

spanned by the frame-invariant basis vectors

$$\bar{\boldsymbol{e}}_\mu = \boldsymbol{e}_\mu - \frac{g_{4\mu}}{g_{44}}\, \boldsymbol{e}_4, \tag{2.10}$$

namely

$$\boldsymbol{a} \times \boldsymbol{b} = -i\bar{\boldsymbol{e}}_\alpha \bar{\varepsilon}^{\alpha\beta\gamma} \bar{a}_\beta \bar{b}_\gamma, \tag{2.11}$$

and a frame-invariant definition of the rotation and the divergence, namely

$$\text{a) Rot } \boldsymbol{a} = -i\bar{\boldsymbol{e}}_\alpha \bar{\varepsilon}^{\alpha\beta\gamma} \bar{a}_{\gamma \llcorner \beta}, \qquad \text{b) Div } \boldsymbol{a} = \bar{a}^\mu{}_{\llcorner \mu}, \tag{2.12}$$

where

$$\bar{\varepsilon}^{\alpha\beta\gamma} = \frac{i}{\sqrt{-g_{44}}}\, \varepsilon^{\alpha\beta\gamma}{}_4, \tag{2.13}$$

is the frame-invariant Levi-Civita pseudotesor with

$$\varepsilon^{ijkl} = -\frac{1}{\sqrt{g}}\, \Delta^{ijkl}, \tag{2.14}$$

(Δ^{ijkl} Levi-Civita symbol, $g = -\det |g_{mn}|$). The definitions (2.11) and (2.12) differ by a factor $\sqrt{-g_{44}}$ from our definitions as used previously. The ones above are more convenient from the point of view of frame-covariance.

2.2. Mechanics

Einstein's equation of motion for a point particle with the rest mass m_0 and the electric charge e, moving in an electromagnetic field B_{ij} reads

$$m_0 \left(\frac{d^2 x^i}{d\tau^2} + \begin{Bmatrix} i \\ jk \end{Bmatrix} \frac{dx^j}{d\tau} \frac{dx^k}{d\tau} \right) = \frac{e}{c}\, B^i{}_j\, \frac{dx^j}{d\tau}. \tag{2.15}$$

In the following, we use the 3-dimensional physical velocity

$$\boldsymbol{v} = \frac{d\boldsymbol{r}}{dt}, \tag{2.16}$$

the dynamic-metric mass

$$m = \frac{m_0 \sqrt{-g_{44}}}{\sqrt{1 - \frac{v^2}{c^2}}}, \tag{2.17}$$

and the abbreviations

$$\text{a) } \boldsymbol{F}_\alpha = -\bar{\boldsymbol{e}}_\beta \frac{1}{\sqrt{-g_{44}}} \overline{\begin{Bmatrix} \beta \\ \alpha 4 \end{Bmatrix}}, \qquad \text{b) } \boldsymbol{G} = \bar{\boldsymbol{e}}_\alpha \frac{1}{g_{44}} \begin{Bmatrix} \alpha \\ 44 \end{Bmatrix}, \tag{2.18}$$

as well as

$$\frac{d'(m\boldsymbol{v})}{dt} = \bar{\boldsymbol{e}}_\alpha \frac{d(mv^\alpha)}{dt}. \tag{2.19}$$

Then the first 3 equations of (2.15) become

$$\frac{d'(m\boldsymbol{v})}{dt} + m\bar{\boldsymbol{e}}_\gamma \overline{\begin{Bmatrix} \gamma \\ \alpha\beta \end{Bmatrix}} v^\alpha v^\beta - m\boldsymbol{v} \left[\overline{\begin{Bmatrix} 4 \\ 4\alpha \end{Bmatrix}} v^\alpha + \frac{c}{\sqrt{-g_{44}}} \overline{\begin{Bmatrix} 4 \\ 44 \end{Bmatrix}} \right]$$
$$- mc^2 \left[\boldsymbol{G} + \frac{2}{c} \boldsymbol{F}_\alpha v^\alpha \right] = e \left(\boldsymbol{E} + \frac{1}{c} \boldsymbol{v} \times \boldsymbol{B} \right) \sqrt{-g_{44}}. \tag{2.20}$$

This is a generalization of the usual equation of motion.
We introduce the velocity-dependent acceleration

$$\boldsymbol{C} = -2c\boldsymbol{F}_\alpha v^\alpha = \mathbf{c} + \boldsymbol{d}. \tag{2.21}$$

This consists of the Coriolis acceleration

$$\mathbf{c} = 2\bar{\boldsymbol{e}}^\gamma \bar{\bar{\Omega}}_{\gamma\alpha} v^\alpha \tag{2.22}$$

and the deformation acceleration

$$\boldsymbol{d} = 2\bar{\boldsymbol{e}}^\gamma \bar{u}_{\alpha\gamma} v^\alpha, \tag{2.23}$$

where

$$\text{a) } \bar{\bar{\Omega}}_{\gamma\alpha} = \bar{\Omega}_{\gamma\alpha} - \frac{g_{4\gamma}}{g_{44}} \bar{\Omega}_{4\alpha} - \frac{g_{4\alpha}}{g_{44}} \bar{\Omega}_{\gamma 4}, \quad \text{b) } \bar{u}_{rk} = \frac{c}{2\sqrt{-g_{44}}} (g_{rk,4} + g_r g_{k,4} + g_k g_{r,4}) \tag{2.24}$$

with

$$\bar{\Omega}_{mn} = \frac{c}{2} (g_{m,n} - g_{n,m}). \tag{2.25}$$

Further we introduce the velocity-independent acceleration

$$\boldsymbol{Z} = -c^2 \boldsymbol{G} = -\frac{2c}{\sqrt{-g_{44}}} \bar{\boldsymbol{e}}^\alpha \bar{\Omega}_{4\alpha} = \bar{\boldsymbol{e}}^\alpha \frac{c^2}{\sqrt{-g_{44}}} (g_{\alpha,4} - g_{4,\alpha}), \tag{2.26}$$

which comprises the Newtonian gravitational acceleration, the centrifugal acceleration, etc. Finally, the equation of motion (2.20) reads

$$\frac{d'(m\boldsymbol{v})}{dt} + m\bar{\boldsymbol{e}}_\gamma \overline{\begin{Bmatrix} \gamma \\ \alpha\beta \end{Bmatrix}} v^\alpha v^\beta - m\boldsymbol{v} \left[\overline{\begin{Bmatrix} 4 \\ 4\alpha \end{Bmatrix}} v^\alpha + \frac{c}{\sqrt{-g_{44}}} \overline{\begin{Bmatrix} 4 \\ 44 \end{Bmatrix}} \right] + m(\boldsymbol{Z} + \mathbf{c} + \boldsymbol{d})$$
$$= e \left(\boldsymbol{E} + \frac{1}{c} \boldsymbol{v} \times \boldsymbol{B} \right) \sqrt{-g_{44}} \tag{2.27}$$

($\boldsymbol{E}$ and $\boldsymbol{B}$ are defined in the next chapter).

Studying the 4th equation of (2.15) which describes the balance of energy, we are led to the definition of the mechanical-gravitational energy

$$\varepsilon = \frac{m_0 c^2 \sqrt{-g_{44}}}{\sqrt{1 - \frac{v^2}{c^2}}} \tag{2.28}$$

for a particle. There is no result corresponding to the additivity of mechanical and gravitational particle energy in Newtonian physics.

The theory of mechanics presented above is general-relativistically based. For the purpose of non-relativistic quantum mechanics we require only the non-relativistic limit of (2.27). Let us therefore repeat some elementary relations in an appropriate representation. We choose the Cartesian coordinates $x_{\alpha'}$ in the inertial frame Σ' with the basis vectors $\boldsymbol{e}_{\alpha'}$ and the Cartesian coordinates x_α in an arbitrarily translationally and rotationally moving non-inertial frame Σ with the basis vectors $\boldsymbol{e}_\alpha$.

If we denote by

$\boldsymbol{r} = \boldsymbol{e}_\alpha x_\alpha$ the radius vector to a point P in Σ,

$\boldsymbol{r}' = \boldsymbol{e}_{\alpha'} x_{\alpha'}$ the radius vector to P in Σ', (2.29)

$\boldsymbol{R}' = \boldsymbol{e}_{\alpha'} X_{\alpha'}(t)$ the radius vector to the origin of Σ from the origin of Σ', then the equation

$$\boldsymbol{r}' = \boldsymbol{r} + \boldsymbol{R}'(t) \tag{2.30}$$

is valid. Because of the relation

$$\boldsymbol{e}_\alpha = \sum_\beta d_{\alpha\beta}(t)\, \boldsymbol{e}_{\beta'} \tag{2.31}$$

between the two basis vector systems $\{\boldsymbol{e}_\alpha\}$ and $\{\boldsymbol{e}_{\alpha'}\}$, where the rotation matrix $d_{\alpha\beta}$ is orthogonal, i.e.

$$d_{\alpha\beta} d_{\gamma\beta} = d_{\beta\alpha} d_{\beta\gamma} = \delta_{\alpha\gamma} \qquad \left(d_{\alpha\beta} \equiv A_\alpha{}^{\beta'} = A_{\beta'}{}^\alpha,\ A_{\alpha'}{}^\beta = \frac{\partial x^\beta}{\partial x^{\alpha'}} \right), \tag{2.32}$$

we can also write

$$x_\gamma = \sum_\beta d_{\gamma\beta}(x_{\beta'} - X_{\beta'}). \tag{2.33}$$

With the abbreviation

$$\hat{x}_{\beta'} = x_{\beta'} - X_{\beta'}, \tag{2.34}$$

we finally find

$$\hat{\boldsymbol{r}} = \boldsymbol{e}_{\alpha'} \hat{x}_{\alpha'} = \boldsymbol{r} = \boldsymbol{r}' - \boldsymbol{R}'. \tag{2.35}$$

According to these relations, the total time derivatives of a vector

$$\boldsymbol{a} = \boldsymbol{e}_\alpha a_\alpha = \boldsymbol{e}_{\alpha'} a_{\alpha'}, \tag{2.36}$$

namely

$$\frac{d\boldsymbol{a}}{dt} = \boldsymbol{e}_{\alpha'} \frac{da_{\alpha'}}{dt} \text{ in } \Sigma' \tag{2.37}$$

and

$$\frac{d'\boldsymbol{a}}{dt} = \boldsymbol{e}_\alpha \frac{da_\alpha}{dt} \text{ in } \Sigma \tag{2.38}$$

(d'/dt always means the derivative referred to $\sum$), are connected by

$$\text{a)}\ \frac{d\boldsymbol{a}}{dt} = \frac{d'\boldsymbol{a}}{dt} + \boldsymbol{\omega} \times \boldsymbol{a}, \quad \text{resp.} \begin{cases} \text{b)}\ \dfrac{da_{\beta'}}{dt} = d_{\gamma\beta}\left[\dfrac{da_\gamma}{dt} + (\boldsymbol{\omega} \times \boldsymbol{a})_\gamma\right], \\ \text{c)}\ \sum\limits_\beta d_{\gamma\beta}\dfrac{da_{\beta'}}{dt} = \dfrac{da_\gamma}{dt} + (\boldsymbol{\omega} \times \boldsymbol{a})_\gamma. \end{cases} \tag{2.39}$$

Here

$$\boldsymbol{\omega} = \boldsymbol{e}_\gamma \omega_\gamma{}^+ = \boldsymbol{e}_{\gamma'}\omega_{\gamma'}^+ \tag{2.40}$$

is the instantaneous angular velocity of $\sum$. Formula (2.39) can easily be derived by taking into account that the time derivatives of the basis vectors of $\sum$ are given by

$$\frac{d\boldsymbol{e}_\gamma}{dt} = \boldsymbol{e}_\beta \Delta_{\beta\alpha\gamma}\omega_\alpha{}^+$$

($\Delta_{\beta\alpha\gamma}$ is the Levi-Civita symbol).
Applying (2.39 b, c) to the radius vector $\boldsymbol{r}$ and $\boldsymbol{R}' \equiv \boldsymbol{R} = e_\alpha X_\alpha$, we find

$$\begin{aligned} &\text{a)}\ \sum_\beta d_{\gamma\beta}\dot{x}_{\beta'} = \dot{x}_\gamma + (\boldsymbol{\omega} \times \boldsymbol{r})_\gamma, \qquad &&\text{b)}\ \dot{x}_{\beta'} = d_{\gamma\beta}[\dot{x}_\gamma + (\boldsymbol{\omega} \times \boldsymbol{r})_\gamma], \\ &\text{c)}\ \sum_\beta d_{\gamma\beta}\dot{X}_{\beta'} = \dot{X}_\gamma + (\boldsymbol{\omega} \times \boldsymbol{R})_\gamma, \qquad &&\text{d)}\ \dot{X}_{\beta'} = d_{\gamma\beta}[\dot{X}_\gamma + (\boldsymbol{\omega} \times \boldsymbol{R})_\gamma]. \end{aligned} \tag{2.41}$$

With this mathematical tool the equation of motion in the inertial frame, i.e.

$$m_0 \frac{d^2\boldsymbol{r}'}{dt^2} = \boldsymbol{K} \tag{2.42}$$

takes the form

$$m_0 \frac{d'^2\boldsymbol{r}}{dt^2} + m_0 \frac{d^2\boldsymbol{R}}{dt^2} + m_0 \frac{d\boldsymbol{\omega}}{dt} \times \boldsymbol{r} + m_0 \left[2\boldsymbol{\omega} \times \frac{d'\boldsymbol{r}}{dt} + \boldsymbol{\omega} \times (\boldsymbol{\omega} \times \boldsymbol{r})\right] = \boldsymbol{K} \tag{2.43}$$

with the well known physical interpretation in the non-inertial frame. This is the non-relativistic counterport of formula (2.27).
According to the Lagrange equations, valid independently of the chosen frame of reference, namely

$$\frac{\delta L'}{\delta x_{\alpha'}} = \frac{\partial L'}{\partial x_{\alpha'}} - \frac{d}{dt}\frac{\partial L'}{\partial \dot{x}_{\alpha'}} = 0, \qquad \text{resp.} \qquad \frac{\delta L}{\delta x_\alpha} = \frac{\partial L}{\partial x_\alpha} - \frac{d}{dt}\frac{\partial L}{\partial \dot{x}_\alpha} = 0, \tag{2.44}$$

the equations of motion (2.42) and (2.43) correspond to the Lagrangeans

$$L' = \frac{m_0}{2}\dot{x}_{\alpha'}\dot{x}_{\alpha'} - e\varphi' + \frac{e}{c}A_{\alpha'}\dot{x}_{\alpha'}, \tag{2.45}$$

resp.

$$\begin{aligned} L \equiv L' = \frac{m_0}{2}&[\dot{x}_\alpha + \dot{X}_\alpha + \Delta_{\alpha\beta\gamma}\omega_\beta{}^+(x_\gamma + X_\gamma)] \\ &\times [\dot{x}_\alpha + \dot{X}_\alpha + \Delta_{\alpha\delta\varepsilon}\omega_\delta{}^+(x_\varepsilon + X_\varepsilon)] - e\varphi + \frac{e}{c}A_\alpha\dot{x}_\alpha. \end{aligned} \tag{2.46}$$

Using the definitions for the canonical momenta in $\sum''$ and $\sum$, we find the formulae

$$p_{\alpha'} = \frac{\partial L'}{\partial \dot{x}_{\alpha'}} = m_0\dot{x}_{\alpha'} + \frac{e}{c}A_{\alpha'}, \text{ resp. } p_\alpha = \frac{\partial L}{\partial \dot{x}_\alpha} = m_0[\dot{x}_\alpha + \dot{X}_\alpha + \{\boldsymbol{\omega} \times (\boldsymbol{r} + \boldsymbol{R})\}_\alpha] + \frac{e}{c}A_\alpha$$

connected by

$$p_\alpha = \sum_\beta d_{\alpha\beta} p_{\beta'} .$$

Though there is no principal objection against the canonical variables x_α and p_α in $\sum$, from the physical point of view it seems to be more convenient to work in $\sum$ with the canonical variables

$$\hat{x}_\alpha = x_\alpha \quad \text{and} \quad \hat{p}_\alpha = \sum_\beta d_{\alpha\beta}(p_{\beta'} - m_0 \dot{X}_{\beta'}) = \sum_\beta d_{\alpha\beta} \hat{p}_{\beta'} , \tag{2.47}$$

which can be obtained by the canonical transformation

$$\hat{x}_\alpha = x_\alpha , \quad \hat{p}_\alpha = p_\alpha + \frac{\partial \hat{F}}{\partial x_\alpha} , \quad \hat{L} = L + \frac{d\hat{F}}{dt} , \quad \hat{H} = H - \frac{\partial \hat{F}}{\partial t} , \tag{2.48}$$

with the generator

$$\hat{F} = -m_0 x_\alpha [\dot{X}_\alpha + (\omega \times \boldsymbol{R})_\alpha] + \hat{f}(t) , \tag{2.49}$$

where $\hat{f}$ is a freely eligible function.
Then the final results for the Hamiltonians in $\sum'$ and $\sum$ read ($\boldsymbol{A} = \boldsymbol{e}_\alpha A_\alpha$):

$$H' = p_{\alpha'} \dot{x}_{\alpha'} - L' = \frac{1}{2m_0} \left(p_{\alpha'} - \frac{e}{c} A_{\alpha'}\right) \left(p_{\alpha'} - \frac{e}{c} A_{\alpha'}\right) + e\varphi' , \tag{2.50}$$

$$\hat{H} = \hat{p}_\alpha \dot{\hat{x}}_\alpha - \hat{L} = \frac{1}{2m_0} \left(\hat{p}_\alpha - \frac{e}{c} A_\alpha\right) \left(\hat{p}_\alpha - \frac{e}{c} A_\alpha\right) + e\varphi - \omega_\alpha{}^+ \left[\hat{\boldsymbol{r}} \times \left(\hat{\boldsymbol{p}} - \frac{e}{c} \boldsymbol{A}\right)\right]_\alpha$$

$$- \frac{1}{2} m_0 \dot{\boldsymbol{R}}^2 + m_0 \hat{\boldsymbol{r}} \ddot{\boldsymbol{R}} - \frac{d\hat{f}}{dt} . \tag{2.51}$$

As will be shown later, this is the very expression which corresponds to the quantum Hamiltonian in noninertial frames of reference.

2.3. Electromagnetism

The general-relativistic Maxwell equations

$$\text{a) } H^{mn}{}_{;n} = \frac{1}{c} j^m , \qquad \text{b) } B_{mn,k} + B_{km,n} + B_{nk,m} = 0 \tag{2.52}$$

can be uniquely decomposed into 3-dimensional equations by introducing the following 3-dimensional physical field vectors with the well known meaning

$$\text{a) } \boldsymbol{E} = \bar{\boldsymbol{e}}^\mu E_\mu , \qquad \text{b) } \boldsymbol{B} = \bar{\boldsymbol{e}}_\mu B^\mu , \qquad \text{c) } \boldsymbol{D} = \bar{\boldsymbol{e}}_\mu D^\mu , \qquad \text{d) } \boldsymbol{H} = \bar{\boldsymbol{e}}^\mu H_\mu , \tag{2.53}$$

the 3-dimensional physical current density

$$\boldsymbol{j} = \bar{\boldsymbol{e}}_\mu j^\mu \tag{2.54}$$

and the physical charge density

$$\varrho = -\frac{1}{c\sqrt{-g_{44}}} j_4 . \tag{2.55}$$

Here the components of the field vectors which are frame tensors are defined by the following relations:

$$\text{a)}\ B_{\mu\nu} = E_\nu g_\mu - E_\mu g_\nu - i\bar{\varepsilon}_{\mu\nu\gamma}B^\gamma, \qquad \text{b)}\ B_{\mu 4} = \sqrt{-g_{44}}\, E_\mu, \tag{2.56}$$

$$\text{a)}\ H^{\mu\nu} = -i\bar{\varepsilon}^{\mu\nu\gamma}H_\gamma, \qquad \text{b)}\ H^{\mu 4} = -\frac{1}{\sqrt{-g_{44}}}\, D^\mu + \frac{i}{\sqrt{-g_{44}}}\, \bar{\varepsilon}^{\mu\nu\gamma} g_\gamma H_\nu. \tag{2.57}$$

The result of decomposition of the field equations reads

$$\text{Rot}\ \boldsymbol{H} = \frac{1}{\sqrt{-g_{44}}}\, \boldsymbol{D}_{,4} + \frac{1}{c}\boldsymbol{j} + \frac{\bar{\boldsymbol{e}}_4}{\sqrt{-g_{44}}}\, (\boldsymbol{D}\boldsymbol{G}) + \boldsymbol{G}\times\boldsymbol{D} + \boldsymbol{F}_\beta D^\beta - (\bar{\boldsymbol{e}}^\beta \boldsymbol{F}_\beta)\, \boldsymbol{D}, \tag{2.58}$$

$$\text{Div}\ \boldsymbol{D} = \varrho - \bar{\boldsymbol{e}}^\alpha(\boldsymbol{F}_\alpha \times \boldsymbol{H}), \tag{2.59}$$

$$\text{Rot}\ \boldsymbol{E} = -\frac{1}{\sqrt{-g_{44}}}\, \boldsymbol{B}_{,4} - \frac{\bar{\boldsymbol{e}}_4}{\sqrt{-g_{44}}}\, (\boldsymbol{B}\boldsymbol{G}) + \boldsymbol{G}\times\boldsymbol{E} + (\bar{\boldsymbol{e}}^\beta \boldsymbol{F}_\beta)\, \boldsymbol{B} - \boldsymbol{F}_\beta B^\beta, \tag{2.60}$$

$$\text{Div}\ \boldsymbol{B} = \bar{\boldsymbol{e}}^\alpha(\boldsymbol{F}_\alpha \times \boldsymbol{E}). \tag{2.61}$$

Using the quantity

$$\overset{3}{\bar{g}} = -\det|\bar{g}_{\mu\nu}|, \tag{2.62}$$

we notice that

$$\begin{Bmatrix} \gamma \\ \gamma 4 \end{Bmatrix} = \left(\ln \sqrt{-\overset{3}{\bar{g}}}\right)_{,4} \tag{2.63}$$

and because of (2.18a)

$$\bar{\boldsymbol{e}}^\beta \boldsymbol{F}_\beta = -\frac{1}{\sqrt{-g_{44}}} \left(\ln \sqrt{-\overset{3}{\bar{g}}}\right)_{,4} \tag{2.64}$$

holds. Then the system of Maxwell equations (2.58) to (2.61) takes another form, namely

$$\text{Rot}\ \boldsymbol{H} = \bar{\boldsymbol{e}}_\alpha \left[\frac{1}{\sqrt{-g_{44}}}\left\{D^\alpha_{,4} + D^\alpha \left(\ln \sqrt{\overset{3}{\bar{g}}}\right)_{,4}\right\} + \frac{1}{c}\, j^\alpha\right] + \boldsymbol{G}\times\boldsymbol{H}, \tag{2.65}$$

$$\text{Div}\ \boldsymbol{D} = \varrho - \bar{\boldsymbol{e}}^\alpha(\boldsymbol{F}_\alpha \times \boldsymbol{H}), \tag{2.66}$$

$$\text{Rot}\ \boldsymbol{E} = -\bar{\boldsymbol{e}}_\alpha \frac{1}{\sqrt{-g_{44}}} \left\{B^\alpha_{,4} + B^\alpha \left(\ln \sqrt{\overset{3}{\bar{g}}}\right)_{,4}\right\} + \boldsymbol{G}\times\boldsymbol{E}, \tag{2.67}$$

$$\text{Div}\ \boldsymbol{B} = \bar{\boldsymbol{e}}^\alpha(\boldsymbol{F}_\alpha \times \boldsymbol{E}). \tag{2.68}$$

As a next step the scalar products $\bar{\boldsymbol{e}}^\alpha(\boldsymbol{F}_\alpha \times \boldsymbol{H})$ and $\bar{\boldsymbol{e}}^\alpha(\boldsymbol{F}_\alpha \times \boldsymbol{E})$ should be eliminated. For this purpose we first treat the first expression. By using (2.11) and (2.18a), we find

$$\bar{\boldsymbol{e}}^\alpha(\boldsymbol{F}_\alpha \times \boldsymbol{E}) = \frac{i}{2} \frac{H_\gamma \bar{\varepsilon}^{\alpha\beta\gamma}}{\sqrt{-g_{44}}} \left[g_{44} \left\{\left(\frac{g_{4\beta}}{g_{44}}\right)_{,\alpha} - \left(\frac{g_{4\alpha}}{g_{44}}\right)_{,\beta}\right\} + \frac{1}{g_{44}}\, (g_{4\beta}g_{4\alpha,4} - g_{4\alpha}g_{4\beta,4})\right]. \tag{2.69}$$

By means of

$$g_{4i,k} = \sqrt{-g_{44}} \left(g_{i,k} - \frac{1}{\sqrt{-g_{44}}}\, g_i g_{4,k}\right) \tag{2.70}$$

we obtain it in the more convenient from

$$\bar{e}^\alpha(F_\alpha \times H) = \frac{i}{2} H_\gamma \bar{\varepsilon}^{\alpha\beta\gamma} \left[g_{\beta,\alpha} - g_{\alpha,\beta} + \frac{1}{\sqrt{-g_{44}}} (g_\alpha g_{\beta,4} - g_\beta g_{\alpha,4}) + \frac{1}{\sqrt{-g_{44}}} (g_\beta g_{4,\alpha} - g_\alpha g_{4,\beta}) \right]. \tag{2.71}$$

If we introduce with the aid of (2.25) the angular velocity frame-vector

$$\Omega = \bar{e}_\alpha \bar{\Omega}^\alpha \tag{2.72}$$

with the components

$$\bar{\Omega}^\alpha = -\frac{1}{2} \frac{1}{\sqrt{-g_{44}}} \varepsilon^{\alpha jk}{}_4 \, \bar{\Omega}_{jk} = -\frac{c}{4\sqrt{-g_{44}}} \varepsilon^{\alpha jk}{}_4 (g_{j,k} - g_{k,j})$$

$$= \frac{i}{2} \bar{\varepsilon}^{\alpha\beta\gamma} \bar{\Omega}_{\beta\gamma} - \frac{1}{\sqrt{-g_{44}}} \varepsilon^{\alpha\beta 4}{}_4 \bar{\Omega}_{\beta 4}, \tag{2.73}$$

we find the simple result

$$\bar{e}^\alpha(F_\alpha \times H) = -\frac{2}{c} (\Omega H). \tag{2.74}$$

In a similar way the other scalar product can be expressed. Using the form

$$\bar{\vartheta}_{\alpha\beta} = \frac{c}{3\sqrt{-g_{44}}} \left(\ln \sqrt{-\overset{3}{g}}\right)_{,4} \bar{g}_{\alpha\beta} \tag{2.75}$$

of the expansion frame-tensor the trace of which may be denoted by

$$\bar{\vartheta} = \bar{\vartheta}_\alpha{}^\alpha = \frac{c}{\sqrt{-g_{44}}} \left(\ln \sqrt{-\overset{3}{g}}\right)_{,4}, \tag{2.76}$$

the Maxwell equations take the new shape

$$\text{Rot } H = \frac{1}{\sqrt{-g_{44}}} \bar{e}_\alpha D^\alpha_{,4} + \frac{1}{c} (D\bar{\vartheta} + j) - \frac{1}{c^2} Z \times H, \tag{2.77}$$

$$\text{Div } D = \varrho + \frac{2}{c} (\Omega H), \tag{2.78}$$

$$\text{Rot } E = -\frac{1}{\sqrt{-g_{44}}} \bar{e}_\alpha B^\alpha_{,4} - \frac{1}{c} B\bar{\vartheta} - \frac{1}{c^2} Z \times E, \tag{2.79}$$

$$\text{Div } B = -\frac{2}{c} (\Omega E). \tag{2.80}$$

For some special purposes it is useful to have this system of Maxwell equations in a form in which the temporal partial derivatives are eliminated in favour of the projective covariant derivatives. Let us recall the relation

$$D^\alpha_{\llcorner 4} = D^\alpha_{\llcorner 4} + \overline{\begin{Bmatrix} \alpha \\ \beta 4 \end{Bmatrix}} D^\beta \tag{2.81}$$

between both kinds of derivatives. Taking into account the result

$$\bar{u}_{\alpha\beta} = \frac{c}{2\sqrt{-g_{44}}}\,\bar{g}_{\alpha\beta,4} \tag{2.82}$$

for the deformation velocity frame-tensor, which comes from (2.24b) as well as the relation

$$\begin{Bmatrix}\alpha\\ \beta 4\end{Bmatrix} = \frac{1}{c}\left[\bar{g}^{\alpha\gamma}\left(\sqrt{-g_{44}}\,\bar{u}_{\gamma\beta} + \sqrt{-g_{44}}\,\bar{\Omega}_{\gamma\beta} + g_\beta\bar{\Omega}_{4\gamma}\right) + g^{\alpha 4}\sqrt{-g_{44}}\,\bar{\Omega}_{4\beta}\right], \tag{2.83}$$

we are left with

$$D^\alpha_{,4} = D^\alpha_{\llcorner 4} - \frac{1}{c}\,\bar{g}^{\alpha\gamma}D^\beta(\bar{u}_{\gamma\beta} + \bar{\Omega}_{\gamma\beta})\sqrt{-g_{44}} + \frac{1}{2c^2}\sqrt{-g_{44}}\left[(Z_\beta D^\beta)\,g^{4\alpha}\sqrt{-g_{44}} - Z^\alpha(g_\beta D^\beta)\right]. \tag{2.84}$$

If we introduce the quantity

$$\boldsymbol{g} = \bar{\boldsymbol{e}}^\beta g_\beta, \tag{2.85}$$

which transforms like a vector only for purely spatial transformations we are able to rearrange the Maxwell system (2.77) to (2.80) in the following form:

$$\begin{aligned}\text{Rot}\,\boldsymbol{H} = {} & \frac{1}{\sqrt{-g_{44}}}\,\bar{\boldsymbol{e}}_\alpha D^\alpha_{\llcorner 4} + \frac{1}{c}\left[\boldsymbol{j} + \boldsymbol{D}\bar{\vartheta} - \bar{\boldsymbol{e}}^\gamma D^\beta(\bar{u}_{\gamma\beta} + \bar{\Omega}_{\gamma\beta})\right]\\ & + \frac{1}{c^2}\left[\frac{1}{2}\left\{(\boldsymbol{Z}\boldsymbol{D})\,\boldsymbol{g} - \boldsymbol{Z}(\boldsymbol{g}\boldsymbol{D})\right\} - \boldsymbol{Z}\times\boldsymbol{H}\right],\end{aligned} \tag{2.86}$$

$$\text{Div}\,\boldsymbol{D} = \varrho + \frac{2}{c}\,(\boldsymbol{\Omega}\boldsymbol{H}), \tag{2.87}$$

$$\begin{aligned}\text{Rot}\,\boldsymbol{E} = {} & -\frac{1}{\sqrt{-g_{44}}}\,\bar{\boldsymbol{e}}_\alpha B^\alpha_{\llcorner 4} - \frac{1}{c}\left[\boldsymbol{B}\bar{\vartheta} - \bar{\boldsymbol{e}}^\gamma B^\beta(\bar{u}_{\gamma\beta} + \bar{\Omega}_{\gamma\beta})\right]\\ & - \frac{1}{c^2}\left[\frac{1}{2}\left\{(\boldsymbol{Z}\boldsymbol{B})\,\boldsymbol{g} - \boldsymbol{Z}(\boldsymbol{g}\boldsymbol{B})\right\} + \boldsymbol{Z}\times\boldsymbol{E}\right],\end{aligned} \tag{2.88}$$

$$\text{Div}\,\boldsymbol{B} = -\frac{2}{c}\,(\boldsymbol{\Omega}\boldsymbol{E}). \tag{2.89}$$

No special restrictions concerning the order of magnitude of the velocity, angular velocity etc. are implicit in any of the equations (2.86) to (2.89). For a rotating frame of reference with a restriction of such a kind, we previously specialized our general theory [3].

One should also compare (2.86) to (2.89) with the corresponding equations in the papers of TROCHERIS, IRVINE, WEBSTER and WHITTEN, which exhibit characteristic differences [4].

Finally we mention the connection between the potentials and the field strengths, where

$$(A_m) = (A_\mu, -\varphi). \tag{2.90}$$

It holds

$$\text{a)}\ E_\mu = -\frac{1}{\sqrt{-g_{44}}}(\varphi_{,\mu} + A_{\mu,4}),$$

$$\text{b)}\ B^\mu = \frac{1}{2i\sqrt{-g_{44}}}\bar{\varepsilon}^{\mu\gamma\nu}\left[(A_{\nu,\gamma} - A_{\gamma,\nu})\sqrt{-g_{44}} + (\dot{\varphi}_{,\nu} + A_{\nu,4})\, g_\gamma - (\varphi_{,\gamma} + A_{\gamma,4})\, g_\nu\right]. \quad (2.91)$$

3. Non-relativistic Quantum Mechanics in non-relativistically related frames

In the following the general features of unitary transformations in non-relativistic quantum mechanics are studied from two different points of view: 1. change of the picture within a fixed frame of reference, 2. transition from one frame of reference to another. After that we take into account arbitrary translational and arbitrary rotational motions of the frame of reference with the aim of combining them into a single transformation, which leads from an inertial frame to an arbitrary non-inertial frame. In this way we obtain the fundamental equations of non-relativistic quantum mechanics for an arbitrary frame of reference.

3.1. General unitary transformation of the equations of motion for the operators and the states

3.1.1. Operators

Let us first consider a general unitary operator $U = U(Q_A, P_A, t)$, i.e.

$$UU^+ = U^+U = 1, \quad (3.1)$$

where $Q_A = Q_{\Omega\alpha}$ (position operators) and $P_A = P_{\Omega\alpha}$ (canonical momentum operators) denote the canonical variables of the quantum particles. The global indices $A, B, \ldots$ run from 1 to $3N$ if N particles are involved. In special cases it is more convenient to use the particle labels $\Omega, \Gamma, \ldots = 1, 2, \ldots, N$ and the spatial (Greek) indices $\alpha, \beta, \ldots = 1, 2, 3$. Since we shall always use 3-dimensional rectangular Cartesian coordinates for which covariant and contravariant components coincide, we can restrict ourselves to lower indices in this space, including the application of Einstein's sum convention.
From the transformation laws

$$\text{a)}\ \bar{Q}_A = UQ_AU^+, \qquad \text{b)}\ \bar{P}_A = UP_AU^+ \quad (3.2)$$

for an operator $F = F(Q_A, P_A, t)$ there follows

$$\bar{F} = UFU^+ = F(\bar{Q}_A, \bar{P}_A, t). \quad (3.3)$$

Consequently the transformation law for the partial time derivative is

$$\frac{\partial \bar{F}}{\partial t} = U\frac{\partial F}{\partial t}U^+ = \frac{\partial F(\bar{Q}_A, \bar{P}_A, t)}{\partial t}. \quad (3.4)$$

By total time differentiation of (3.3), we find

$$\frac{d\bar{F}}{dt} = U\left\{\frac{dF}{dt} + \left[U^+\frac{dU}{dt}, F\right]\right\}U^+ \quad (3.5)$$

if we use (3.1). If we assume the validity of Heisenberg's equation of motion for U with the Hamiltonian H, namely

$$\frac{dU}{dt} = \frac{\partial U}{\partial t} + \frac{1}{i\hbar}[U, H], \tag{3.6}$$

from which

$$UHU^+ - i\hbar \frac{dU}{dt} U^+ = H - i\hbar \frac{\partial U}{\partial t} U^+ \tag{3.7}$$

results, we obtain the general transformation equation

$$\frac{d\bar{F}}{dt} - \frac{\partial \bar{F}}{\partial t} - \frac{1}{i\hbar}\left[\bar{F}, UHU^+ - i\hbar \frac{dU}{dt} U^+\right] = U\left\{\frac{dF}{dt} - \frac{\partial F}{\partial t} - \frac{1}{i\hbar}[F, H]\right\} U^+ \tag{3.8}$$

to be applied later.

3.1.2. States

If we postulate the transformation law for a general state $|\Psi\rangle$, namely

$$|\bar{\Psi}\rangle = U|\Psi\rangle, \tag{3.9}$$

by straighforward calculations using (3.6) we find the general transformation equation:

$$i\hbar \frac{d\,|\bar{\Psi}\rangle}{dt} - \left(UHU^+ + i\hbar \frac{dU}{dt} U^+\right)|\bar{\Psi}\rangle = U\left(i\hbar \frac{d\,|\Psi\rangle}{dt} - H\,|\Psi\rangle\right). \tag{3.10}$$

3.2. General unitary transformation of the canonical momentum operator for particles in an electromagnetic field

Taking over a well known relation from classical mechanics, we are left with the equation

$$P_{\Omega\alpha} = m_\Omega \frac{dQ_{\Omega\alpha}}{dt} + \frac{e_\Omega}{c} A_\alpha(Q_{\Omega\beta}, t) \tag{3.11}$$

(m_Ω particle mass, e_Ω particle charge), where $A_\alpha(Q_{\Omega\beta}, t)$ means the vector potential at the point of the particle Ω at the time t. For the investigations of this chapter it is convenient to rewrite the relations (3.2) in the form

$$\text{a)}\ \bar{Q}_{\Omega\alpha} = UQ_{\Omega\alpha}U^+, \qquad \text{b)}\ \bar{P}_{\Omega\alpha} = UP_{\Omega\alpha}U^+. \tag{3.12}$$

From the first one of these equations we find the transformation law of the velocity operator

$$\frac{d\bar{Q}_{\Omega\alpha}}{dt} = \frac{dU}{dt} Q_{\Omega\alpha}U^+ + UQ_{\Omega\alpha}\frac{dU^+}{dt} + U\frac{dQ_{\Omega\alpha}}{dt}U^+. \tag{3.13}$$

If we postulate the form-invariance of (3.11) with respect to general unitary transformations, namely

$$\bar{P}_{\Omega\alpha} = m_\Omega \frac{d\bar{Q}_{\Omega\alpha}}{dt} + \frac{e_\Omega}{c}\bar{A}_\alpha(\bar{Q}_{\Omega\beta}, t), \tag{3.14}$$

we find the relation

$$m_\Omega\left[\frac{dU}{dt} Q_{\Omega\alpha}U^+ + UQ_{\Omega\alpha}\frac{dU^+}{dt}\right] + \frac{e_\Omega}{c}[\bar{A}_\alpha(\bar{Q}_{\Omega\beta}, t) - UA_\alpha(Q_{\Omega\beta}, t)\,U^+] = 0, \tag{3.15}$$

or with the help of (3.1),

$$m_\Omega U \left[U^+ \frac{dU}{dt}, Q_{\Omega\alpha} \right] U^+ + \frac{e_\Omega}{c} [\bar{A}_\alpha(\bar{Q}_{\Omega\beta}, t) - U A_\alpha(Q_{\Omega\beta}, t) U^+] = 0. \tag{3.16}$$

We continue these considerations later, when the unitary operator is specified.

3.3. Quantum mechanics in the Heisenberg picture and in the Schrödinger picture

3.3.1. Heisenberg picture

The Heisenberg picture is defined by the two equations of motion:

$$\frac{dF^{(H)}}{dt} = \frac{\partial F^{(H)}}{\partial t} + \frac{1}{i\hbar} [F^{(H)}, H^{(H)}] \quad \text{(for general operators)}, \tag{3.17}$$

$$\frac{d|\Psi\rangle^{(H)}}{dt} = 0 \quad \text{(for general states)}, \tag{3.18}$$

and the commutation relations

$$[Q_A{}^{(H)}, Q_B{}^{(H)}] = 0, \quad [P_A{}^{(H)}, P_B{}^{(H)}] = 0, \quad [Q_A{}^{(H)}, P_B{}^{(H)}] = i\hbar\delta_{AB}. \tag{3.19}$$

From (3.2) and (3.8) we notice immediately that form-invariance of (3.17) and (3.19) is guaranteed if the transformed Hamiltonian is defined by

$$\bar{H}^{(H)} = \bar{H}^{(H)}(\bar{Q}_A{}^{(H)}, \bar{P}_A{}^{(H)}, t) = U^{(H)} H^{(H)} U^{(H)+} - i\hbar \frac{dU^{(H)}}{dt} U^{(H)+}. \tag{3.20}$$

Equation (3.18) is only form-invariant in the special case, when

$$\frac{dU^{(H)}}{dt} = 0. \tag{3.21}$$

3.3.2. Schrödinger picture

As opposed to the Heisenberg picture, the Schrödinger picture is defined by the two equations of motion

$$\frac{dF^{(S)}}{dt} = \frac{\partial F^{(S)}}{\partial t} \quad \text{(for general operators)}, \tag{3.22}$$

$$H^{(S)}|\Psi\rangle^{(S)} = i\hbar \frac{d|\Psi\rangle^{(S)}}{dt} \quad \text{(for general states)}, \tag{3.23}$$

and the commutation relations

$$[Q_A{}^{(S)}, Q_B{}^{(S)}] = 0, \qquad [P_A{}^{(S)}, P_B{}^{(S)}] = 0, \qquad [Q_A{}^{(S)}, P_B{}^{(S)}] = i\hbar\delta_{AB}. \tag{3.24}$$

In this case we recognize from (3.2) and (3.10) that (3.23) and (3.24) are form-invariant if the Hamiltonian is transformed according to

$$\bar{H}^{(S)} = \bar{H}^{(S)}(\bar{Q}_A{}^{(S)}, \bar{P}_A{}^{(S)}, t) = U^{(S)} H^{(S)} U^{(S)+} + i\hbar \frac{dU^{(S)}}{dt} U^{(S)+}. \tag{3.25}$$

The form-invariance of (3.22) is only fulfilled in the special case, when

$$\frac{dU^{(S)}}{dt} = 0. \tag{3.26}$$

3.3.3. Transition between different pictures

If we perform a unitary transformation of the kind (3.3) and (3.9), we change the picture, as is well known. For instance, if we use an operator $U^{(HS)}$ obeying the differential equation

$$i\hbar \frac{dU^{(HS)}}{dt} = U^{(HS)}H^{(H)}, \tag{3.27}$$

then, according to (3.8) and (3.10), we pass from the Heisenberg picture to the Schrödinger picture:

$$\left.\begin{aligned} \frac{dF^{(H)}}{dt} &= \frac{\partial F^{(H)}}{\partial t} + \frac{1}{i\hbar}[F^{(H)}, H^{(H)}] \\ \frac{d|\Psi\rangle^{(H)}}{dt} &= 0 \end{aligned}\right\} \to \left\{\begin{aligned} \frac{dF^{(S)}}{dt} &= \frac{\partial F^{(S)}}{\partial t} && (3.28) \\ i\hbar\frac{d|\Psi\rangle^{(S)}}{dt} &= H^{(S)}|\Psi\rangle^{(S)}, && (3.29) \end{aligned}\right.$$

where the Hamiltonian $H^{(S)}$ in the Schrödinger picture is defined by

$$H^{(S)} = H^{(S)}(Q_A{}^{(S)}, P_A{}^{(S)}, t) = U^{(HS)}H^{(H)}U^{(HS)+}. \tag{3.30}$$

3.3.4. Transition between different frames of reference

Up to now the unitary transformations were simultaneously performed with respect to the operators and the states. This means, that the numerical value of the expectation value remains unchanged

$$\langle\Psi|\, F\, |\Psi\rangle = \langle\bar{\Psi}|\, \bar{F}\, |\bar{\Psi}\rangle. \tag{3.31}$$

From this fact we conclude that such a simultaneous transformation connects physically equivalent kinds of description of a physical situation.

Now the question arises: how must the quantum theoretical scheme be transformed if the frame of reference is changed? Such a transition will be denoted by a dash.

If it is allowed to apply Einstein's Principle of General Relativity (covariance principle), we must demand form-invariance of the fundamental laws. Can this postulate be fulfilled?

Independently of the pictures chosen, the commutation relations stay form-invariant with respect to general unitary transformations. But what is the situation concerning the equations of motion for the operators and the states?

Heisenberg picture

Let us investigate this problem for non-relativistic frame transitions ($t' = t$) in the Heisenberg picture.

The postulate of form-invariance:

$$\left.\begin{aligned} \frac{dF^{(H)}}{dt} &= \frac{\partial F^{(H)}}{\partial t} + \frac{1}{i\hbar}[F^{(H)}, H^{(H)}] \\ \frac{d|\Psi\rangle^{(H)}}{dt} &= 0 \end{aligned}\right\} \to \left\{\begin{aligned} \frac{dF^{(H)\prime}}{dt} &= \frac{\partial F^{(H)\prime}}{\partial t} + \frac{1}{i\hbar}[F^{(H)\prime}, H^{(H)\prime}] && (3.32) \\ \frac{d|\Psi\rangle^{(H)\prime}}{dt} &= 0 && (3.33) \end{aligned}\right.$$

leads us to the transformation laws

$$\text{a)}\ F^{(H)'} = U^{(H)} F^{(H)} U^{(H)+}, \qquad \text{b)}\ |\Psi\rangle^{(H)'} = |\Psi\rangle^{(H)} \tag{3.34}$$

and according to (3.8) to the transformed Hamiltonian

$$H^{(H)'} = U^{(H)} H^{(H)} U^{(H)+} - i\hbar \frac{dU^{(H)}}{dt} U^{(H)+} = H^{(H)} - i\hbar \frac{\partial U^{(H)}}{\partial t} U^{(H)+}. \tag{3.35}$$

On the other hand, we know from tensor analysis that coordinate transformations induce operator transformations according to the geometric character of the quantity (index picture), e.g. tensors transform like

$$F^{(H)i'\cdots} = A^{i'}_{j\ldots} F^{(H)j\cdots} \left(A_j{}^{i'} = \frac{\partial x^{i'}}{\partial x^j} \right). \tag{3.36}$$

Obviously we have to identify the results of both kinds of transformations:

$$F^{(H)i'\cdots} = U^{(H)} F^{(H)i\cdots} U^{(H)+} = A^{i'}_{j\ldots} F^{(H)j\cdots}. \tag{3.37}$$

This equation determines the unitary operator

$$U^{(H)} = U^{(H)}(A_j{}^{i'}). \tag{3.38}$$

Because of (3.37) and (3.34 b) the expectation values of certain operators transform like the operators themselves:

$${}^{(H)'}\langle\Psi|\, F^{(H)i'\cdots}\, |\Psi\rangle^{(H)'} = A^{i'}_{j\ldots}\ {}^{(H)}\langle\Psi|\, F^{(H)j\cdots}\, |\Psi\rangle^{(H)}. \tag{3.39}$$

After these preparations we are able to continue our considerations concerning equation (3.16), which for coordinate transformations now reads

$$m_\Omega U^{(H)} \left[U^{(H)+} \frac{dU^{(H)}}{dt}, Q^{(H)}_{\Omega\alpha} \right] U^{(H)+} + \frac{e_\Omega}{c} [A^{(H)}_{\alpha'}(Q^{(H)}_{\Omega\beta'}, t) - U^{(H)} A_\alpha{}^{(H)}(Q^{(H)}_{\Omega\beta}, t)\, U^{(H)+}] = 0. \tag{3.40}$$

Schrödinger picture

How does the problem present itself for non-relativistic frame transitions ($t' = t$) in the Schrödinger picture?
The postulate of form-invariance, namely the transition

$$\left.\begin{aligned} H^{(S)}|\Psi\rangle^{(S)} &= i\hbar \frac{d|\Psi\rangle^{(S)}}{dt} \\ \frac{dF^{(S)}}{dt} &= \frac{\partial F^{(S)}}{\partial t} \end{aligned}\right\} \rightarrow \left\{\begin{aligned} H^{(S)'}|\Psi\rangle^{(S)'} &= i\hbar \frac{d|\Psi\rangle^{(S)'}}{dt} \qquad (3.41) \\ \frac{dF^{(S)'}}{dt} &= \frac{\partial F^{(S)'}}{\partial t} \qquad (3.42) \end{aligned}\right.$$

can be fulfilled by

$$\text{a)}\ |\Psi\rangle^{(S)'} = U^{(S)}|\Psi\rangle^{(S)}, \qquad \text{b)}\ F^{(S)'} = F^{(S)}, \tag{3.43}$$

if, according to (3.10), the transformed Hamiltonian is taken as

$$H^{(S)\prime} = U^{(S)} H^{(S)} U^{(S)+} + i\hbar \frac{dU^{(S)}}{dt} U^{(S)+}, \tag{3.44}$$

a structure in contrast to (3.35).
A consequence of this postulate in the Schrödinger picture is that, according to (3.43 b) observables, notwithstanding their tensorial character, are to be treated as invariants. We find the following transformation law for the expectation values:

$${}^{(S)\prime}\langle\Psi|\, F^{(S)i'\cdots}\, |\Psi\rangle^{(S)\prime} = {}^{(S)}\langle\Psi|\, U^{(S)+} F^{(S)i\cdots} U^{(S)}\, |\Psi\rangle^{(S)}. \tag{3.45}$$

From a physical point of view analogously to (3.39), we have to demand

$${}^{(S)\prime}\langle\Psi|\, F^{(S)i'\cdots}\, |\Psi\rangle^{(S)\prime} = A^{i'}_{j\ldots}\, {}^{(S)}\langle\Psi|\, F^{(S)j\cdots}\, |\Psi\rangle^{(S)}. \tag{3.46}$$

This implies the condition

$$F^{(S)i\cdots} = A^{i'}_{j\ldots} U^{(S)} F^{(S)j\cdots} U^{(S)+} \tag{3.47}$$

for the determination of

$$U^{(S)} = U^{(S)}(A_j{}^{i'}), \tag{3.48}$$

analogously to (3.38).
Concluding this section, one should keep in mind that the transformation laws (3.34) and (3.43) are straightforward consequences of the postulate of form-invariance within the chosen picture. Here the question is left open whether the postulate of form-invariance of the pictures is applicable at all (see [5]).

3.4. Unitary transformation operator for arbitrary translational motion of non-inertial frames

In the case of position operators, equation (2.34) reads

$$\hat{Q}_{\Omega\beta'} = Q_{\Omega\beta'} - X_{\beta'}. \tag{3.49}$$

From this the equation

$$\hat{P}_{\Omega\beta'} = P_{\Omega\beta'} - m_\Omega \dot{X}_{\beta'} \tag{3.50}$$

for the canonical momentum operators follows (the dot means total time derivation). We have to construct a unitary operator

$$U_T = e^{(1/i\hbar)K}, \quad U_T{}^+ = e^{-(1/i\hbar)K} \quad (K^+ = K) \tag{3.51}$$

with the properties

$$\text{a) } \hat{Q}_{\Omega\beta'} = U_T Q_{\Omega\beta'} U_T{}^+ = Q_{\Omega\beta'} - X_{\beta'}, \quad \text{b) } \hat{P}_{\Omega\beta'} = U_T P_{\Omega\beta'} U_T{}^+ = P_{\Omega\beta'} - m_\Omega \dot{X}_{\beta'}. \tag{3.52}$$

By straigthforward calculation it can be shown, that

$$\boldsymbol{K} = \boldsymbol{R} \sum_\Omega \boldsymbol{P}_\Omega - \dot{\boldsymbol{R}} \sum_\Omega m_\Omega \boldsymbol{Q}_\Omega + f(t) \tag{3.53}$$

fulfils these requirements. The vectors being defined by

$$\boldsymbol{P}_\Omega = \boldsymbol{e}_{\alpha'} P_{\Omega\alpha'}, \qquad \boldsymbol{Q}_\Omega = \boldsymbol{e}_{\alpha'} Q_{\Omega\alpha'} \tag{3.54}$$

and $f(t)$ being an arbitrary function ($\sum'$ is the inertial frame).

3.5. Unitary transformation operator for arbitrary rotational motion of non-inertial frames

3.5.1. Mathematical preliminaries

For a system of quantum mechanical particles the following commutation relations

$$[Q_{\Omega\alpha'}, D_{\beta'}] = i\hbar\, \Delta_{\alpha'\beta'\gamma'} Q_{\Omega\gamma'}\,, \tag{3.55}$$

$$[P_{\Omega\alpha'}, D_{\beta'}] = i\hbar\, \Delta_{\alpha'\beta'\gamma'} P_{\Omega\gamma'}\,, \tag{3.56}$$

$$[D_{\alpha'}, D_{\beta'}] = i\hbar\, \Delta_{\alpha'\beta'\gamma'} D_{\gamma'} \tag{3.57}$$

hold in addition to Heisenberg's commutation relations in the inertial frame Σ'($\Delta_{\alpha'\beta'\gamma'}$ is the Levi-Civita symbol). The $D_{\alpha'}$ are the angular momentum operator components of the particle system. Since even the orbital terms satisfy the mathematical requirements, we therefore omit the spin terms.
For the following, it is useful to introduce the hermitian operator

$$D = c_{\gamma'} D_{\gamma'} \tag{3.58}$$

with the 3 real parameters $c_{\gamma'} = c^*_{\gamma'}$.
Let us consider an analytical function

$$F(z) = \sum_{k=0}^{\infty} F_k z^k\,. \tag{3.59}$$

According to the calculus of multiple commutators [6], we can write

$$\{F(D), Q_{\Omega\alpha'}\} = \sum_{k=0}^{\infty} F_k\{D^k, Q_{\Omega\alpha'}\} = \sum_{k=0}^{\infty} F_k\{(c_{\gamma'}D_{\gamma'})^k, Q_{\Omega\alpha'}\} = \sum_{\beta} d_{\alpha\beta}(F_k, c_{\gamma'})\, Q_{\Omega\beta'}\,. \tag{3.60}$$

The coefficients $d_{\alpha\beta}(F_k, c_{\gamma'})$ are the result of a straightforward calculation. They depend only on the parameters F_k and $c_{\gamma'}$ involved in the function F. For simplicity we write

$$d_{\alpha\beta}(F_k, c_{\gamma'}) = d_{\alpha\beta}[F]\,. \tag{3.61}$$

Obviously the relations ($\Delta_{\alpha'\beta'\gamma'} = \Delta_{\alpha\beta\gamma}$)

$$\text{a)}\ d_{\alpha\beta}[0] = 0\,, \qquad \text{b)}\ d_{\alpha\beta}[1] = \delta_{\alpha\beta}\,, \qquad \text{c)}\ d_{\alpha\beta}[z] = i\hbar \sum_{\gamma} \Delta_{\alpha\beta\gamma} c_{\gamma'} \equiv M_{\alpha\beta} \tag{3.62}$$

are valid. Further linearity, i.e.,

$$d_{\alpha\beta}[k_1 f + k_2 g] = k_1 d_{\alpha\beta}[f] + k_2 d_{\alpha\beta}[g] \tag{3.63}$$

and the matrix multiplication rule

$$d_{\alpha\beta}[fg] = d_{\alpha\gamma}[f]\, d_{\gamma\beta}[g] \tag{3.64}$$

follow.
If one introduces the matrix notation

$$M = (M_{\alpha\beta})\,, \qquad d[F] = (d_{\alpha\beta}[F])\,, \tag{3.65}$$

one finds that

$$d[F] = F(M)\,.$$

This means: the matrix $d[F]$ is just the given function F on the matrix M.

Define the 3 projection operators ($\delta_{\alpha'\beta'} = \delta_{\alpha\beta}$)

$$\text{a) } P^n_{\alpha'\beta'} = n_{\alpha'} n_{\beta'}, \qquad \text{b) } P^{\pm}_{\alpha'\beta'} = \frac{1}{2}\,(\delta_{\alpha'\beta'} \mp i n_{\gamma'} \Delta_{\alpha'\gamma'\beta'} - n_{\alpha'} n_{\beta'}), \tag{3.66}$$

constructed with the aid of the time dependent spatial unit vector $n_{\alpha'}$ ($n_{\alpha'} n_{\alpha'} = 1$). The relations

$$\text{a) } P^+_{\alpha'\beta'} P^-_{\alpha'\gamma'} = 0, \qquad \text{b) } P^n_{\alpha'\beta'} P^n_{\beta'\gamma'} = P^n_{\alpha'\gamma'} \qquad \text{(idem potence)}, \tag{3.67}$$

$$\text{c) } P^n_{\alpha'\beta'} + P^+_{\alpha'\beta'} + P^-_{\alpha'\beta'} = \delta_{\alpha'\beta'}, \qquad \text{d) } M_{\alpha'\beta'} = \varphi\hbar(P^+_{\alpha'\beta'} - P^-_{\alpha'\beta'})$$

with

$$c_{\alpha'} = n_{\alpha'} \varphi, \qquad \varphi = \sqrt{c_{\beta'} c_{\beta'}} \neq 0 \tag{3.68}$$

can then be proved. We are able to deduce the following general representation:

$$\begin{aligned} d_{\alpha\beta}[F] &= F(0)\, P^n_{\alpha'\beta'} + F(\varphi\hbar)\, P^+_{\alpha'\beta'} + F(-\varphi\hbar)\, P^-_{\alpha'\beta'} \\ &= \frac{1}{2}\, \delta_{\alpha\beta}[F(\varphi\hbar) + F(-\varphi\hbar)] - \frac{i}{2} \sum_\gamma n_{\gamma'} \Delta_{\alpha\gamma\beta}[F(\varphi\hbar) - F(-\varphi\hbar)] \\ &\quad + n_{\alpha'} n_{\beta'} \left[F(0) - \frac{1}{2}\,\{F(\varphi\hbar) + F(-\varphi\hbar)\}\right]. \end{aligned} \tag{3.69}$$

We immediately realize that

$$d_{\alpha\beta}[F(z)] = d_{\beta\alpha}[F(-z)]. \tag{3.70}$$

The matrices (3.69) are diagonizable and possess the eigenvalues $F(0)$ (belonging to the eigenvector $n_{\alpha'}$), $F(\varphi\hbar)$ and $F(-\varphi\hbar)$ from which

$$\det |d_{\alpha\beta}[F]| = F(0) \cdot F(\varphi\hbar) \cdot F(-\varphi\hbar) \tag{3.71}$$

follows.

As special cases of (3.69) we find ($z = \hbar\varphi$):

a) For $F(z) = e^{\pm iz/\hbar}$:

$$d_{\alpha\beta}[e^{\pm iz/\hbar}] = \delta_{\alpha\beta} \cos\varphi \pm \sum_\gamma n_{\gamma'} \Delta_{\alpha\gamma\beta} \sin\varphi + n_{\alpha'} n_{\beta'}(1 - \cos\varphi), \tag{3.72}$$

whence

$$\det |d_{\alpha\beta}[e^{\pm iz/\hbar}]| = 1. \tag{3.73}$$

Our rotation matrix elements introduced in chapter 2 are to be identified with

$$d_{\alpha\beta} \equiv d_{\alpha\beta}[e^{-iz/\hbar}]. \tag{3.74}$$

By substitutitng

$$\varphi = 2 \arcsin q, \tag{3.75}$$

we obtain the parametrization

$$d_{\alpha\beta}[e^{\pm iz/\hbar}] = \delta_{\alpha\beta}(1 - 2q^2) \pm 2q\sqrt{1 - q^2} \sum_\gamma n_{\gamma'} \Delta_{\alpha\gamma\beta} + 2n_{\alpha'} n_{\beta'} q^2, \tag{3.76}$$

whereas the substitution

$$\varphi = 2 \arctan \tau \tag{3.77}$$

leads us to the parametrization

$$d_{\alpha\beta}[e^{\pm iz/\hbar}] = \frac{1}{1 + \tau^2} \left[\delta_{\alpha\beta}(1 - \tau^2) \pm 2\tau \sum_\gamma n_{\gamma'} \Delta_{\alpha\gamma\beta} + 2n_{\alpha'} n_{\beta'} \tau^2\right]. \tag{3.78}$$

b) For $F(z) = (e^{\pm iz/\hbar} - 1)/(\pm iz/\hbar)$:

$$d_{\alpha\beta}\left[\frac{e^{\pm iz/\hbar} - 1}{\pm \frac{iz}{\hbar}}\right] = \frac{\sin\varphi}{\varphi}\,\delta_{\alpha\beta} \pm \frac{1-\cos\varphi}{\varphi}\sum_{\gamma} n_{\gamma'}\,\Delta_{\alpha\gamma\beta} + n_{\alpha'}n_{\beta'}\left(1 - \frac{\sin\varphi}{\varphi}\right) \quad (3.79)$$

with

$$\det\left|d_{\alpha\beta}\left[\frac{e^{\pm iz/\hbar} - 1}{\pm \frac{iz}{\hbar}}\right]\right| = \left(\frac{\sin\frac{\varphi}{2}}{\frac{\varphi}{2}}\right)^2. \quad (3.80)$$

c) For $F(z) = \pm(iz/\hbar)/(e^{\pm iz/\hbar} - 1)$:

$$d_{\alpha\beta}\left[\frac{\pm \frac{iz}{\hbar}}{e^{\pm iz/\hbar} - 1}\right] = \frac{\varphi}{2}\,\delta_{\alpha\beta}\cot\frac{\varphi}{2} \mp \frac{\varphi}{2}\sum_{\gamma} n_{\gamma'}\,\Delta_{\alpha\gamma\beta} + n_{\alpha'}n_{\beta'}\left(1 - \frac{\varphi}{2}\cot\frac{\varphi}{2}\right) \quad (3.81)$$

with

$$\det\left|d_{\alpha\beta}\left[\frac{\pm \frac{iz}{\hbar}}{e^{\pm iz/\hbar} - 1}\right]\right| = \left(\frac{\frac{\varphi}{2}}{\sin\frac{\varphi}{2}}\right)^2. \quad (3.82)$$

From (3.64) and (3.70) the orthogonal relations

$$\text{a) } d_{\alpha\gamma}[e^{\pm iz/\hbar}]\,d_{\beta\gamma}[e^{\pm iz/\hbar}] = \delta_{\alpha\beta}, \qquad \text{b) } d_{\alpha\gamma}[e^{\pm iz/\hbar}]\,d_{\gamma\beta}[e^{\mp iz/\hbar}] = \delta_{\alpha\beta}, \text{ etc.} \quad (3.83)$$

can be derived.
Further, for practical calculations the partial time derivative of the unitary operator

$$U_R = e^{D/i\hbar} \quad (3.84)$$

is very important.
We find

$$\frac{\partial U_R}{\partial t} = \frac{1}{i\hbar}\,\omega^+_{\beta'}D_{\beta'}U_R = \frac{1}{i\hbar}\,\omega^-_{\beta'}U_R D_{\beta'}, \quad (3.85)$$

using the abbreviation

$$\omega^\pm_{\beta'} = \sum_{\alpha}\dot{c}_{\alpha'}d_{\alpha\beta}\left[\frac{e^{\pm z/i\hbar} - 1}{\pm \frac{z}{i\hbar}}\right] = \dot{\varphi}n_{\beta'} + \dot{n}_{\beta'}\sin\varphi \mp (1 - \cos\varphi)\,n_{\gamma'}\dot{n}_{\alpha'}\,\Delta_{\alpha'\gamma'\beta'}. \quad (3.86)$$

For the vector

$$\boldsymbol{\omega}^\pm = \boldsymbol{e}_{\beta'}\omega^\pm_{\beta'} \quad (3.87)$$

(with the upper sign already used in chapter 2 as $\boldsymbol{\omega}^+ \equiv \boldsymbol{\omega}$), the compact formula ($\boldsymbol{n} = \boldsymbol{e}_{\beta'}n_{\beta'}$)

$$\begin{aligned}\boldsymbol{\omega}^\pm &= \dot{\varphi}\boldsymbol{n} + \dot{\boldsymbol{n}}\sin\varphi \mp (1 - \cos\varphi)\,(\dot{\boldsymbol{n}} \times \boldsymbol{n}) \\ &= 2\left[(1 - q^2)\frac{d}{dt}\left(\frac{\boldsymbol{q}}{\sqrt{1 - q^2}}\right) \mp \frac{d\boldsymbol{q}}{dt} \times \boldsymbol{q}\right] = \frac{2}{1 + \tau^2}\left[\frac{d\boldsymbol{\tau}}{dt} \pm \boldsymbol{\tau} \times \frac{d\boldsymbol{\tau}}{dt}\right] \end{aligned} \quad (3.88)$$

results ($\boldsymbol{q} = q\boldsymbol{n}$, $\boldsymbol{\tau} = \tau\boldsymbol{n}$). The components $\omega_{\beta'}^{\pm}$ are related to each other according to

$$\text{a)} \quad \sum_{\beta} d_{\alpha\beta}[e^{-iz/\hbar}]\, \omega_{\beta'}^{+} = \omega_{\alpha'}^{-}, \qquad \text{b)} \quad \sum_{\beta} d_{\alpha\beta}[e^{+iz/\hbar}]\, \omega_{\beta'}^{-} = \omega_{\alpha'}^{+}. \tag{3.89}$$

From the first of these two formulae we notice that

$$\omega_{\alpha'}^{-} = A_{\alpha}{}^{\beta'} \omega_{\beta'}^{+} = \omega_{\alpha}{}^{+} \qquad (A_{\alpha}{}^{\beta'} = d_{\alpha\beta}[e^{-iz/\hbar}]), \tag{3.90}$$

using the symbolism of chapter 2. Hence the geometrical interpretation of ω^{-} becomes clear.

Mathematically very interesting problems (we are not able to dwell on them here) are:

1) the inverse problem of finding U_R from (3.85) if $\omega_{\beta'}^{\pm}$ is given,
2) composition of 2 finite rotations $U_R(\boldsymbol{\tau}_1)$ and $U_R(\boldsymbol{\tau}_2)$.

The solution of the second problem leads to the Baker-Hausdorff formula for rotations:

$$U_R(\boldsymbol{\tau}) = U_R(\boldsymbol{\tau}_2)\, U_R(\boldsymbol{\tau}_1), \tag{3.91}$$

where

$$\boldsymbol{\tau} = \frac{\boldsymbol{\tau}_1 + \boldsymbol{\tau}_2 - \boldsymbol{\tau}_1 \times \boldsymbol{\tau}_2}{1 - \boldsymbol{\tau}_1 \boldsymbol{\tau}_2}. \tag{3.92}$$

3.5.2. Performance of the transformation

First we have to search for an operator U_R for pure rotations with the properties

$$\text{a)} \quad Q_{\Omega\alpha} = U_R Q_{\Omega\alpha'} U_R^{+} = \sum_{\beta} d_{\alpha\beta} Q_{\Omega\beta'}, \qquad \text{b)} \quad P_{\Omega\alpha} = U_R P_{\Omega\alpha'} U_R^{+} = \sum_{\beta} d_{\alpha\beta} P_{\Omega\beta'}. \tag{3.93}$$

For this purpose we test the expression (3.84).

Now our mathematical tool of chapter 3.5.1. is of great advantage. Namely, if we rewrite the demand (3.93a) as

$$e^{D/i\hbar} Q_{\Omega\alpha'} e^{-D/i\hbar} \equiv \{e^{D/i\hbar}, Q_{\Omega\alpha'}\} = \sum_{\beta} d_{\alpha\beta}[e^{z/i\hbar}]\, Q_{\alpha\beta'} = \sum_{\beta} d_{\alpha\beta} Q_{\Omega\beta'},$$

the proof is straightforward.

As is to be seen from (3.55) and (3.˜6) the commutation relations between $D_{\beta'}$ and $Q_{\Omega\alpha'}$ on one hand and $D_{\beta'}$ and $P_{\Omega\alpha'}$ on the other hand are the same. Therefore the proof of (3.93b) goes the same way.

3.6. Composition of arbitrary translational and arbitrary rotational motions of the frame of reference

3.6.1. Product representation of the transformation operator

In chapter 3.4. we treated the arbitrary translational motion leading from

$$\left.\begin{matrix} Q_{\Omega\beta'} \\ P_{\Omega\beta'} \end{matrix}\right\} \text{ to } \left\{\begin{matrix} \hat{Q}_{\Omega\beta'} = Q_{\Omega\beta'} - X_{\beta'} \\ \hat{P}_{\Omega\beta'} = P_{\Omega\beta'} - m_{\Omega} \dot{X}_{\beta'} \end{matrix}\right. \tag{3.94}$$

by means of equation (3.51) for U_T. Using the results of chapter 3.5.2., we know that U_R (3.84) transforms from

$$\left.\begin{matrix} \hat{Q}_{\Omega\beta'} \\ \hat{P}_{\Omega\beta'} \end{matrix}\right\} \text{ to } \left\{\begin{matrix} \hat{Q}_{\Omega\beta} = \sum_{\gamma} d_{\beta\gamma} \hat{Q}_{\Omega\gamma'} \\ \hat{P}_{\Omega\beta} = \sum_{\gamma} d_{\beta\gamma} \hat{P}_{\Omega\gamma'}. \end{matrix}\right. \tag{3.95}$$

Combining these two transformations, we immediately find the required relations, namely

$$\hat{Q}_{\Omega\beta} = \sum_{\gamma} d_{\beta\gamma}(Q_{\Omega\gamma'} - X_{\gamma'}) = U_{RT} Q_{\Omega\beta'} U_{RT}^{+} = U_{R} \hat{Q}_{\Omega\beta'} U_{R}^{+}, \tag{3.96}$$

$$\hat{P}_{\Omega\beta} = \sum_{\gamma} d_{\beta\gamma}(P_{\Omega\gamma'} - m_{\Omega}\dot{X}_{\gamma'}) = U_{RT} P_{\Omega\beta'} U_{RT}^{+} = U_{R} \hat{P}_{\Omega\beta'} U_{R}^{+} \tag{3.97}$$

with the combined unitary transformation operator

$$U_{RT} = U_R U_T = e^{\hat{D}/i\hbar} e^{K/i\hbar}. \tag{3.98}$$

The quantity K is the same as (3.53), while $\hat{D}$ is in principle given by (3.58). However, we have to take into account here the transformation (3.95) instead of (3.93). Therefore we must write

$$\hat{D} = c_{\gamma'} \hat{D}_{\gamma'} \tag{3.99}$$

with

$$\hat{D}_{\gamma'} \equiv \hat{D}_{\gamma'}^{(\mathrm{orb})} \tag{3.100}$$

(according to our convention),

$$\hat{D}_{\gamma'}^{(\mathrm{orb})} = \sum_{\Omega} \hat{D}_{\Omega\gamma'}^{(\mathrm{orb})} = \sum_{\Omega} \frac{1}{2} \Delta_{\gamma'\alpha'\beta'} (\hat{Q}_{\Omega\alpha'} \hat{P}_{\Omega\beta'} - \hat{Q}_{\Omega\beta'} \hat{P}_{\Omega\alpha'}). \tag{3.101}$$

For mathematical convenience we mention that the quantities with circumflex obey the usual commutation rules:

$$\begin{aligned}
&\text{a)}\ [\hat{Q}_{\Omega\beta'}, \hat{Q}_{\Gamma\beta'}] = 0, && \text{d)}\ [\hat{Q}_{\Omega\alpha'}, \hat{D}_{\beta'}] = i\hbar\, \Delta_{\alpha'\beta'\gamma'} \hat{Q}_{\Omega\gamma'},\\
&\text{b)}\ [\hat{P}_{\Omega\alpha'}, \hat{P}_{\Gamma\beta'}] = 0, && \text{e)}\ [\hat{P}_{\Omega\alpha'}, \hat{D}_{\beta'}] = i\hbar\, \Delta_{\alpha'\beta'\gamma'} \hat{P}_{\Omega\gamma'},\\
&\text{c)}\ [\hat{Q}_{\Omega\alpha'}, \hat{P}_{\Gamma\beta'}] = i\hbar\, \delta_{\alpha'\beta'}\, \delta_{\Omega\Gamma}, && \text{f)}\ [\hat{D}_{\alpha'}, \hat{D}_{\beta'}] = i\hbar\, \Delta_{\alpha'\beta'\gamma'} \hat{D}_{\gamma'}.
\end{aligned} \tag{3.102}$$

These relations are used when we treat the next problem:
if U_{RT} be written in the form

$$U_{RT} = e^{(1/i\hbar)\mathcal{V}}, \tag{3.103}$$

how is $\mathcal{V}$ to be determined?

3.6.2. Auxiliary formulae

To overcome the mathematical difficulties occuring during this task, we separately present some auxiliary formulae on the basis of the Baker-Hausdorff theory.
The Baker-Hausdorff problem consists in the determination of the operator function $z = z(x, y)$, defined by

$$e^x e^y = e^{z(x,y)} \tag{3.104}$$

if x and y are non-commuting operators.
If the commutator $[x, y]$ is a c-number, the special Baker-Hausdorff formula

$$z = x + y + \frac{1}{2}[x, y] \tag{3.105}$$

is valid.

Using this result, the following two auxiliary formulae can be derived:

$$\exp\left[\frac{1}{i\hbar}\left(k_{\alpha'}\sum_{\Omega}P_{\Omega\alpha'}+l_{\alpha'}\sum_{\Omega}m_\Omega Q_{\Omega\alpha'}\right)\right]\cdot\exp\left[\frac{1}{i\hbar}\left(\varkappa_{\beta'}\sum_{\Lambda}P_{\Lambda\beta'}+\lambda_{\beta'}\sum_{\Lambda}m_\Lambda Q_{\Lambda\beta'}\right)\right]$$

$$=\exp\left[\frac{1}{i\hbar}\left\{(k_{\alpha'}+\varkappa_{\alpha'})\sum_{\Omega}P_{\Omega\alpha'}+(l_{\alpha'}+\lambda_{\alpha'})\sum_{\Omega}m_\Omega Q_{\Omega\alpha'}\right\}+\frac{1}{2i\hbar}(l_{\alpha'}\varkappa_{\alpha'}-k_{\alpha'}\lambda_{\alpha'})\sum_{\Omega}m_\Omega\right] \tag{3.106}$$

($k_{\alpha'}$, $l_{\alpha'}$, $\varkappa_{\alpha'}$, $\lambda_{\alpha'}$ are arbitrary),

$$\exp\left[\frac{1}{i\hbar}c_{\gamma'}\hat{D}_{\gamma'}\right]\cdot\exp\left[\frac{1}{i\hbar}\left(\mu_{\alpha'}\sum_{\Omega}P_{\Omega\alpha'}+\nu_{\alpha'}\sum_{\Omega}m_\Omega Q_{\Omega\alpha'}\right)\right]\cdot\exp\left[-\frac{1}{i\hbar}c_{\beta'}\hat{D}_{\beta'}\right]$$

$$=\exp\left[\frac{1}{i\hbar}\left\{(\mu_{\alpha'}\dot{X}_{\alpha'}+\nu_{\alpha'}X_{\alpha'})\sum_{\Omega}m_\Omega+\sum_{\alpha,\beta}\mu_{\alpha'}d_{\alpha\beta}\sum_{\Omega}\hat{P}_{\Omega\beta'}+\sum_{\alpha,\beta}\nu_{\alpha'}d_{\alpha\beta}\sum_{\Omega}m_\Omega\hat{Q}_{\Omega\beta'}\right\}\right] \tag{3.107}$$

($\mu_{\alpha'}$, $\nu_{\alpha'}$ are arbitrary).

3.6.3. Exponential representation of the transformation operator

The aim of this section has already been formulated in (3.103). The calculations are performed in two steps. Here we are only able to sketch them: according to the decomposition

$$\text{a)}\ X_{\alpha'}=X_{\alpha'}^{\perp}+X^{\parallel}n_{\alpha'},\qquad \text{b)}\ \dot{X}_{\alpha'}=\dot{X}_{\alpha'}^{\perp}+\dot{X}^{\parallel}n_{\alpha'} \tag{3.108}$$

into perpendicular and parallel terms with respect to $n_{\alpha'}$ the quantity K splits up into

$$K=K^{\perp}+K^{\parallel}. \tag{3.109}$$

In this way we obtain instead of (3.98)

$$U_{RT}=e^{(1/i\hbar)\hat{D}}\cdot e^{(1/i\hbar)K^{\perp}}\cdot e^{(1/i\hbar)K^{\parallel}} \tag{3.110}$$

(dots on the right hand side of equation (3.108b) don't denote time derivatives).

Step 1:
The problem is solved for the product

$$e^{(1/i\hbar)\mathscr{V}^{\perp}}=e^{(1/i\hbar)\hat{D}}\cdot e^{(1/i\hbar)K^{\perp}} \tag{3.111}$$

with the result

$$\mathscr{V}^{\perp}=\left\{\frac{1}{2}(\bar{\varrho}_{\alpha'}\dot{X}_{\alpha'}^{\perp}+\bar{\tau}_{\alpha'}X_{\alpha'}^{\perp})+\Delta_{\gamma'\beta'\delta'}\bar{\tau}_{\gamma'}\bar{\varrho}_{\beta'}c_{\delta'}\right\}\sum_{\Omega}m_\Omega+c_{\alpha'}\sum_{\Omega}\hat{D}_{\Omega\alpha'}$$
$$-c_{\alpha'}\bar{\tau}_{\beta'}\Delta_{\beta'\alpha'\gamma'}\sum_{\Omega}m_\Omega\hat{Q}_{\Omega\gamma'}-c_{\alpha'}\bar{\varrho}_{\beta'}\Delta_{\beta'\alpha'\gamma'}\sum_{\Omega}\hat{P}_{\Omega\gamma'}+f(t), \tag{3.112}$$

where $\bar{\varrho}_{\alpha'}$ and $\bar{\tau}_{\alpha'}$ are determined from the equations

$$\text{a)}\ \sum_{\beta}d_{\beta\alpha}\bar{\varrho}_{\beta'}-\bar{\varrho}_{\alpha'}=\sum_{\beta}d_{\beta\alpha}X_{\beta'}^{\perp},\qquad \text{b)}\ \sum_{\beta}d_{\beta\alpha}\bar{\tau}_{\beta'}-\bar{\tau}_{\alpha'}=-\sum_{\beta}d_{\beta\alpha}\dot{X}_{\beta'}^{\perp}. \tag{3.113}$$

Step 2:
This final step consists in the solution of the problem

$$U_{RT}=e^{(1/i\hbar)\mathscr{V}}=e^{(1/i\hbar)\mathscr{V}^{\perp}}\cdot e^{(1/i\hbar)K^{\parallel}} \tag{3.114}$$

which is treated in a similar way. We find

$$\mathscr{V} = \mathscr{V}^{\perp} + X^{\parallel} n_{\alpha'} \sum_{\Omega} P_{\Omega\alpha'} - \dot{X}^{\parallel} n_{\alpha'} \sum_{\Omega} m_{\Omega} Q_{\Omega\alpha'} . \tag{3.115}$$

If one decomposes $\bar{\varrho}_{\alpha'}$ and $\bar{\tau}_{\alpha'}$ analogously to (3.108), namely

$$\text{a) } \bar{\varrho}_{\alpha'} = \varrho^{\perp}_{\alpha'} + \varrho^{\parallel} n_{\alpha'} , \qquad \text{b) } \bar{\tau}_{\alpha'} = \tau^{\perp}_{\alpha'} + \tau^{\parallel} n_{\alpha'} , \tag{3.116}$$

it can be concluded from (3.113) that the quantities $\varrho^{\parallel}$ and $\tau^{\parallel}$ stay undetermined. If we choose

$$\varrho^{\parallel} = \tau^{\parallel} = 0 , \tag{3.117}$$

$\mathscr{V}$ reads

$$\begin{aligned} \mathscr{V} = &\left\{ \frac{1}{2} \left(\varrho^{\perp}_{\alpha'} \dot{X}^{\perp}_{\alpha'} + \tau^{\perp}_{\alpha'} X^{\perp}_{\alpha'} \right) + \sum_{\beta,\gamma} \varrho^{\perp}_{\beta'} d_{\beta\gamma} \left[\frac{\frac{z}{i\hbar}}{1 - e^{z/i\hbar}} \right] \dot{X}^{\perp}_{\gamma'} \right\} \sum_{\Omega} m_{\Omega} + c_{\alpha'} \hat{D} \cdot \\ &+ \left\{ \sum_{\beta} d_{\alpha\beta} \left[\frac{\frac{z}{i\hbar}}{1 - e^{z/i\hbar}} \right] \dot{X}^{\perp}_{\beta'} - n_{\alpha'} \dot{X}^{\parallel} \right\} \sum_{\Omega} m_{\Omega} \hat{Q}_{\Omega\alpha'} \\ &- \left\{ \sum_{\beta} d_{\alpha\beta} \left[\frac{\frac{z}{i\hbar}}{1 - e^{z/i\hbar}} \right] X^{\perp}_{\beta'} - n_{\alpha'} X^{\parallel} \right\} \sum_{\Omega} \hat{P}_{\Omega\alpha'} + f(t) , \end{aligned} \tag{3.118}$$

where the expression (3.81) must be used for further detailed calculations.

3.7. Non-relativistic Hamiltonian in the Heisenberg picture in a non-inertial frame of reference

Let us consider a system of non-relativistic quantum particles described in an inertial frame of reference by the Hamiltonian:

$$H^{(H)} = \sum_{\Omega} \frac{1}{2m_{\Omega}} \left(\boldsymbol{P}_{\Omega} - \frac{e_{\Omega}}{c} \boldsymbol{A}(Q_{\Omega\beta'}, t) \right)^2 + V'(Q_{\Omega\alpha'}, t) . \tag{3.119}$$

The corresponding Hamiltonian in a non-inertial frame is given by (3.35). To calculate it we need the quantity ($U^{(H)} \equiv U_{RT}$)

$$\frac{\partial U^{(H)}}{\partial t} = \frac{\partial e^{\hat{D}/i\hbar}}{\partial t} \cdot e^{K/i\hbar} + e^{\hat{D}/i\hbar} \cdot \frac{\partial e^{K/i\hbar}}{\partial t} , \tag{3.120}$$

keeping in mind that the original operators (without circumflex) are to be treated as constants. The relation between $\hat{\boldsymbol{D}}_{\Omega}$ and $\boldsymbol{D}_{\Omega}$ reads according to (3.101),

$$\hat{\boldsymbol{D}}_{\Omega} = \boldsymbol{D}_{\Omega} - \boldsymbol{R} \times \boldsymbol{P}_{\Omega} + m_{\Omega} (\boldsymbol{R} \times \dot{\boldsymbol{R}} - \boldsymbol{Q}_{\Omega} \times \dot{\boldsymbol{R}}) . \tag{3.121}$$

Therefore

$$\frac{\partial \hat{\boldsymbol{D}}_{\Omega}}{\partial t} = -\dot{\boldsymbol{R}} \times \hat{\boldsymbol{P}}_{\Omega} - m_{\Omega} \hat{\boldsymbol{Q}}_{\Omega} \times \ddot{\boldsymbol{R}} . \tag{3.122}$$

To evaluate explicitly the first term time derivative on the right of (3.120), we use the multiple commutator relation

$$\frac{\partial e^x}{\partial t} = \left\{\frac{e^x - 1}{x}, \frac{\partial x}{\partial t}\right\} e^x. \tag{3.123}$$

This leads to

$$\frac{\partial e^{\hat{D}/i\hbar}}{\partial t} = \frac{1}{i\hbar} \dot{c}_{\alpha'} \left\{\frac{e^{\hat{D}/i\hbar} - 1}{\frac{\hat{D}}{i\hbar}}, \hat{D}_{\alpha'}\right\} e^{\hat{D}/i\hbar} + \frac{1}{i\hbar} c_{\alpha'} \left\{\frac{e^{\hat{D}/i\hbar} - 1}{\frac{\hat{D}}{i\hbar}}, \frac{\partial \hat{D}_{\alpha'}}{\partial t}\right\} e^{\hat{D}/i\hbar}. \tag{3.124}$$

Using the intermediate results

$$\left\{\frac{e^{\hat{D}/i\hbar} - 1}{\frac{\hat{D}}{i\hbar}}, \hat{D}_{\alpha'}\right\} = \sum_\beta d_{\alpha\beta} \left[\frac{e^{z/i\hbar} - 1}{\frac{z}{i\hbar}}\right] \hat{D}_{\beta'} \tag{3.125}$$

and

$$\left\{\frac{e^{\hat{D}/i\hbar} - 1}{\frac{\hat{D}}{i\hbar}}, \frac{\partial \hat{D}_{\alpha'}}{\partial t}\right\} = \sum_{\gamma,\delta} \Delta_{\alpha'\beta'\gamma'} d_{\gamma\delta} \left[\frac{e^{z/i\hbar} - 1}{\frac{z}{i\hbar}}\right] \left\{\ddot{X}_{\beta'} \sum_\Omega m_\Omega \hat{Q}_{\Omega\delta'} - \dot{X}_{\beta'} \sum_\Omega \hat{P}_{\Omega\delta'}\right\}, \tag{3.126}$$

we finally obtain

$$\frac{\partial e^{\hat{D}/i\hbar}}{\partial t} = \frac{1}{i\hbar} \sum_{\alpha,\gamma} d_{\alpha\gamma} \left[\frac{e^{z/i\hbar} - 1}{\frac{z}{i\hbar}}\right] \left(\dot{c}_{\alpha'} \sum_\Omega \hat{D}_{\Omega\gamma'} + \Delta_{\alpha'\beta'\delta'} c_{\delta'} \left[\dot{X}_{\beta'} \sum_\Omega \hat{P}_{\Omega\gamma'} - \ddot{X}_{\beta'} \sum_\Omega m_\Omega \hat{Q}_{\Omega\gamma'}\right]\right) e^{\hat{D}/i\hbar}. \tag{3.127}$$

As regards the second term time derivative on the right of (3.120), we differentiate factor by factor, after reexpressing the exponential as follows by means of the Baker-Hausdorff formula:

$$e^{K/i\hbar} = e^{(1/i\hbar) X_{\alpha'} \sum_\Omega P_{\Omega\alpha'}} \cdot e^{-(1/i\hbar) \dot{X}_{\alpha'} \sum_\Omega m_\Omega Q_{\Omega\alpha'}} \cdot e^{-(1/2i\hbar) X_{\alpha'} \dot{X}_{\alpha'} \sum_\Omega m_\Omega + (1/i\hbar) f(t)} \tag{3.128}$$

The result is

$$\frac{\partial e^{K/i\hbar}}{\partial t} = \frac{1}{i\hbar} e^{K/i\hbar} \left[\dot{\boldsymbol{R}} \sum_\Omega \boldsymbol{P}_\Omega - \ddot{\boldsymbol{R}} \sum_\Omega m_\Omega \boldsymbol{Q}_\Omega - \frac{1}{2} (\dot{\boldsymbol{R}}^2 + \boldsymbol{R}\ddot{\boldsymbol{R}}) \sum_\Omega m_\Omega + \dot{f}\right]. \tag{3.129}$$

If we insert (3.127) and (3.129) into (3.120), we finally obtain using (3.79)

$$i\hbar \frac{\partial U^{(H)}}{\partial t} U^{(H)+} = \omega \sum_\Omega \hat{\boldsymbol{D}}_\Omega + \dot{\boldsymbol{R}} \sum_\Omega \hat{\boldsymbol{P}}_\Omega - \ddot{\boldsymbol{R}} \sum_\Omega m_\Omega \hat{\boldsymbol{Q}}_\Omega + \frac{1}{2} (\dot{\boldsymbol{R}}^2 - \boldsymbol{R}\ddot{\boldsymbol{R}}) \sum_\Omega m_\Omega + \dot{f}. \tag{3.130}$$

Substituting this expression and (3.119) into (3.35), we find for the non-inertial frame Hamiltonian

$$\begin{aligned} H^{(H)} = {} & \sum_\Omega \frac{1}{2m_\Omega} \left(\boldsymbol{P}_\Omega - \frac{e_\Omega}{c} \boldsymbol{A}(Q_{\Omega\beta'}, t)\right)^2 + V'(Q_{\Omega\beta'}, t) - \omega \sum_\Omega \hat{\boldsymbol{D}}_\Omega - \dot{\boldsymbol{R}} \sum_\Omega \hat{\boldsymbol{P}}_\Omega \\ & + \ddot{\boldsymbol{R}} \sum_\Omega m_\Omega \hat{\boldsymbol{Q}}_\Omega - \frac{1}{2} (\dot{\boldsymbol{R}}^2 - \boldsymbol{R}\ddot{\boldsymbol{R}}) \sum_\Omega m_\Omega - \dot{f}, \end{aligned} \tag{3.131}$$

but still expressed in quantities of the inertial frame.

Before passing over to the required quantities in the non-inertial frame, it is convenient to perform the gauge transformation

$$\text{a)}\ \tilde{A}_{\alpha'}(Q_{\Omega\beta'}, t) = A_{\alpha'}(Q_{\Omega\beta'}, t) + \frac{\partial\chi(Q_{\Omega\beta'}, t)}{\partial Q_{\Omega\alpha'}},$$

$$\text{b)}\ \tilde{\varphi}'(Q_{\Omega\beta'}, t) = \varphi'(Q_{\Omega\beta'}, t) - \frac{1}{c}\frac{\partial\chi(Q_{\Omega\beta'}, t)}{\partial t},$$

with the gauge function

$$\text{c)}\ \chi(Q_{\Omega\beta'}, t) = -cX_{\alpha'}\sum_{\Omega}\frac{m_\Omega}{e_\Omega}Q_{\Omega\alpha'}. \tag{3.132}$$

The result reads

$$\text{a)}\ \tilde{A}_{\alpha'}(Q_{\Omega\beta'}, t) = A_{\alpha'}(Q_{\Omega\beta'}, t) - \frac{cm_\Omega}{e_\Omega}\dot{X}_{\alpha'}, \quad \text{b)}\ \tilde{\varphi}'(Q_{\Omega\beta'}, t) = \varphi'(Q_{\Omega\beta'}, t) + \frac{m_\Omega}{e_\Omega}\ddot{X}_{\alpha'}Q_{\Omega\alpha'}. \tag{3.133}$$

With the help of these relations and (3.94), equation (3.131) takes the form

$$H^{(H)} = \sum_{\Omega}\frac{1}{2m_\Omega}\left(\boldsymbol{P}_\Omega - m_\Omega\dot{\boldsymbol{R}} - \frac{e_\Omega}{c}\tilde{\boldsymbol{A}}(Q_{\Omega\beta'}, t)\right)^2 + \tilde{V}'(Q_{\Omega\alpha'}, t) - \omega\sum_{\Omega}\hat{\boldsymbol{D}}_\Omega$$
$$- \dot{\boldsymbol{R}}\sum_{\Omega}(\boldsymbol{P}_\Omega - m_\Omega\dot{\boldsymbol{R}}) - \frac{1}{2}(\dot{\boldsymbol{R}}^2 + \boldsymbol{R}\ddot{\boldsymbol{R}})\sum_{\Omega}m_\Omega - \dot{f}. \tag{3.134}$$

Now we choose the arbitrary function

$$f = -\frac{1}{2}\boldsymbol{R}\dot{\boldsymbol{R}}\sum_{\Omega}m_\Omega. \tag{3.135}$$

Then we obtain in vector formulation the Hamiltonian

$$H^{(H)} = \sum_{\Omega}\frac{1}{2m_\Omega}\left(\hat{\boldsymbol{P}}_\Omega - \frac{e_\Omega}{c}\tilde{\boldsymbol{A}}(Q_{\Omega\beta}, t)\right)^2 + \tilde{V}'(Q_{\Omega\alpha'}, t) - \omega\sum_{\Omega}\hat{\boldsymbol{D}}_\Omega - \dot{\boldsymbol{R}}\sum_{\Omega}{}'\hat{\boldsymbol{P}}_\Omega \tag{3.136}$$

and further in non-inertial frame component formulation the expression

$$H^{(H)} = \sum_{\Omega}{}'\frac{1}{2m_\Omega}\left(\hat{P}_{\Omega\alpha} - \frac{e_\Omega}{c}\tilde{A}_\alpha(Q_{\Omega\beta'}, t)\right)\left(\hat{P}_{\Omega\alpha} - \frac{e_\Omega}{c}\tilde{A}_\alpha(Q_{\Omega\beta}, t)\right) + \tilde{V}(Q_{\Omega\alpha}, t)$$
$$- \omega_\alpha{}^+\sum_{\Omega}\left[\hat{\boldsymbol{Q}}_\Omega\times\left(\hat{\boldsymbol{P}}_\Omega - \frac{e_\Omega}{c}\tilde{\boldsymbol{A}}_\Omega\right)\right]_\alpha - \sum_{\Omega}\left(\dot{X}_\alpha + (\omega\times\boldsymbol{R})_\alpha\right)\left(\hat{P}_{\Omega\alpha} - \frac{e_\Omega}{c}\tilde{A}_\alpha(Q_{\Omega\beta}, t)\right) \tag{3.137}$$

if we use the non-relativistic transformation laws of the electromagnetic potentials:

$$\text{a)}\ \tilde{A}_{\alpha'}(Q_{\Omega\beta'}, t) = d_{\gamma\alpha}\tilde{A}_\gamma(Q_{\Omega\beta}, t),$$
$$\text{b)}\ \tilde{V}'(Q_{\Omega\alpha'}, t) = \tilde{V}(Q_{\Omega\alpha}, t) + \frac{1}{c}\sum_{\Omega}e_\Omega\tilde{A}_\alpha(Q_{\Omega\beta}, t)\,[\dot{X}_\alpha + (\omega\times\boldsymbol{Q}_\Omega)_\alpha]. \tag{3.138}$$

By finding the non-inertial frame Hamiltonian (3.137), we have reached the first step of our aim.

Let us now compare the result (3.137) with the classical one (2.51) in quantum mechanical interpretation. For this comparison it is more convenient to take (3.131) as an equivalent expression instead of (3.137). We find the relation

$$\dot{f} = \frac{d\hat{f}}{dt} + \frac{1}{2} \sum_{\Omega} m_\Omega (\dot{\boldsymbol{R}}^2 + \boldsymbol{R}\ddot{\boldsymbol{R}}). \tag{3.139}$$

With the help of (3.135) we get the result ($m_\Omega \leftrightarrow m_0$)

$$\frac{d\hat{f}}{dt} = -(\dot{\boldsymbol{R}}^2 + \boldsymbol{R}\ddot{\boldsymbol{R}}) \sum_{\Omega} m_\Omega, \quad \text{i.e.} \quad \hat{f} = \hat{f}_0 - \boldsymbol{R}\dot{\boldsymbol{R}} \sum_{\Omega} m_\Omega. \tag{3.140}$$

Concluding this chapter, we finally ask the question: to which consequences does equation (3.40) lead? To answer this question we eliminate $dU^{(H)}/dt$ by means of (3.6) and use (3.130) for the elimination of $\partial U^{(H)}/\partial t$. With the help of the commutation relations, we find (3.138a) after tedious calculations. This result is in full agreement with the required transformation properties of the vector potential for non-relativistic motions. This proof shows that the relation (3.11) between the mechanical momentum and the canonical momentum is valid also after the transformation.

4. Dirac theory in non-relativistically related frames

4.1. Metric and Christoffel symbols

According to (2.33), the transition from an inertial frame to an arbitrarily moving frame is described by the transformation matrix ($A_n{}^{m'} = \partial x^{m'}/\partial x^n$):

$$\text{a) } A^{\alpha}_{\beta'} = d_{\alpha\beta}, \qquad \text{b) } A^{\alpha}_{4'} = -\frac{1}{c}\,[\dot{X}_\alpha + d_{\alpha\gamma}\dot{d}_{\beta\gamma}(x_\beta + X_\beta)] \equiv -k_\alpha,$$
$$\text{c) } A^{4}_{\alpha'} = 0, \qquad \text{d) } A^{4}_{4'} = 1, \tag{4.1}$$

resp.

$$\text{a) } A_\alpha{}^{\varepsilon'} = d_{\alpha\varepsilon}, \qquad \text{b) } A_4{}^{\alpha'} = d_{\beta\alpha}k_\beta, \qquad \text{c) } A_\alpha{}^{4'} = 0, \qquad \text{d) } A_4{}^{4'} = 1. \tag{4.2}$$

Performing the transformation of the metric tensor according to the transformation law

$$\text{a) } g^{mn} = A^{m}_{m'}A^{n}_{n'}g^{m'n'}, \qquad \text{b) } g_{mn} = A_m{}^{m'}A_n{}^{n'}g_{m'n'}, \tag{4.3}$$

we find in detail

$$\text{a) } g^{\alpha\beta} = \delta_{\alpha\beta} - k_\alpha k_\beta, \qquad \text{b) } g^{4\alpha} = k_\alpha, \qquad \text{c) } g^{44} = -1 \tag{4.4}$$

and

$$\text{a) } g_{\alpha\beta} = \delta_{\alpha\beta}, \qquad b) \; g_{4\alpha} = k_\alpha, \qquad \text{c) } g_{44} = -1 + k_\sigma k_\sigma, \tag{4.5}$$

and further for the determinant of the metric tensor

$$|g_{mn}| = |g_{m'n'}| = -1, \tag{4.6}$$

because

$$|A_n{}^{m'}| = |d_{\alpha\beta}| = 1$$

is valid.

The formulae (4.5) yield for the Christoffel symbols

$$\{ij, k\} = \frac{1}{2}(g_{ki,j} + g_{jk,i} - g_{ij,k}) \tag{4.7}$$

in the non-inertial frame the following results:

$$\begin{aligned} &\text{a) } \{\alpha\beta, \gamma\} = 0, \quad \text{b) } \{\alpha\beta, 4\} = 0, \quad \text{c) } \{\alpha 4, \beta\} = \frac{1}{2}(k_{\beta,\alpha} - k_{\alpha,\beta}), \\ &\text{d) } \{\alpha 4, 4\} = k_\sigma k_{\sigma,\alpha}, \quad \text{e) } \{44, \alpha\} = k_{\alpha,4} - k_\sigma k_{\dot\sigma,\alpha}, \quad \text{f) } \{44, 4\} = k_\sigma k_{\sigma,4}. \end{aligned} \tag{4.8}$$

4.2. Generalized Dirac matrices

If the Dirac matrices $\gamma_{m'}$ in the inertial frame fulfil the well known relation

$$\gamma_{m'}\gamma_{n'} + \gamma_{n'}\gamma_{m'} + 2g_{m'n'} = 2\eta_{m'n'} \qquad (\gamma^{\alpha'} = \gamma_{\alpha'}, \gamma^{4'} = -\gamma_{4'}), \tag{4.9}$$

then from the transformation law

$$\text{a) } \gamma_m = A_m{}^{n'}\gamma_{n'}, \qquad \text{b) } \gamma^m = A_{n'}{}^m\gamma^{n'} \tag{4.10}$$

for the Dirac matrices γ_m and γ^m in the non-inertial frame, the formulae

$$\text{a) } \gamma_m\gamma_n + \gamma_n\gamma_m = 2g_{mn}, \qquad \text{b) } \gamma^m\gamma^n + \gamma^n\gamma^m = 2g^{mn} \tag{4.11}$$

follow. Equations (4.10) read in detail

$$\begin{aligned} &\text{a) } \gamma_\alpha = \sum_\beta d_{\alpha\beta}\gamma_{\beta'}, \qquad \text{b) } \gamma_4 = \gamma_{4'} + \sum_\alpha d_{\beta\alpha}k_\beta\gamma_{\alpha'}, \\ &\text{c) } \gamma^\alpha = \sum_\beta d_{\alpha\beta}\gamma_{\beta'} + k_\alpha\gamma_{4'}, \qquad \text{d) } \gamma^4 = -\gamma_{4'}. \end{aligned} \tag{4.12}$$

Usually the Dirac matrices $\gamma_{m'}$ and $\gamma^{m'}$ in the inertial frame are assumed to be constant matrices. For the following calculations it is more convenient to follow a different line, namely

$$\text{a) } \gamma_\alpha = \mathring{\gamma}_\alpha = \text{const}, \qquad \text{b) } \gamma^4 = -\gamma_{4'} = -\mathring{\gamma}_4 = \text{const}. \tag{4.13}$$

Then from (4.12b) and (4.12c) we obtain

$$\text{a) } \gamma_4 = \mathring{\gamma}_4 + k_\varepsilon\mathring{\gamma}_\varepsilon, \qquad \text{b) } \gamma^\alpha = \mathring{\gamma}_\alpha + k_\alpha\mathring{\gamma}_4. \tag{4.14}$$

Indeed, we can prove that (4.13) and (4.14) fulfil the relations (4.11) with the metric (4.5) resp. (4.4). Our convention made above was based on the freedom of an equivalent transformation of the spatial Dirac metrices.
Finally, in this connection we mention a quite different approach by COLLIER [7] to calculate the Dirac matrices from a rather general metric, using tetrad formalism.

4.3. Hamiltonian (Schrödinger picture)

To find the Hamiltonian in an arbitrarily moving frame of reference, let us start from the general covariant Dirac equation as used in the monograph [1]:

$$\gamma^k\left[\Psi_{,k} + \frac{1}{4}\gamma^j(\gamma_{j,k} - \gamma^l\{jk, l\})\,\Psi - i\alpha A_k\Psi \mp \frac{1}{2}\Gamma_{,k}\gamma\Psi\right] + \frac{m_0c}{\hbar}\Psi = 0, \tag{4.15}$$

where $\alpha = e/\hbar c$ and

$$\gamma^k \Gamma_{,k} \gamma = \mp \frac{1}{16} \gamma^k \gamma^m \gamma^j \left(\gamma_{j,k} - \begin{Bmatrix} l \\ jk \end{Bmatrix} \gamma_l \right). \tag{4.16}$$

As next steps we introduce the potential energy

$$V = -eA_4 \tag{4.17}$$

and the canonical momentum operators

$$\mathscr{P}_\alpha = \frac{\hbar}{i} \frac{\partial}{\partial x_\alpha}. \tag{4.18}$$

From this definition we recognize that in an arbitrarily moving non-inertial frame the usual form of Heisenberg's commutation relations is valid (in Schrödinger representation $Q_\alpha \to x_\alpha$):

$$\text{a) } [Q_\alpha, Q_\beta] = 0, \qquad \text{b) } [\mathscr{P}_\alpha, \mathscr{P}_\beta] = 0, \qquad \text{c) } [Q_\alpha, \mathscr{P}_\beta] = i\hbar \delta_{\alpha\beta}. \tag{4.19}$$

Let us now multiply (4.15) by $i\hbar c \mathring{\gamma}_4$ and decompose it into the spatial and temporal parts. Then we obtain the shape of the Schrödinger equation

$$H\Psi = i\hbar \frac{\partial \Psi}{\partial t}. \tag{4.20}$$

The Hamiltonian in the non-inertial frame therefore reads

$$H = c\mathring{\gamma}_4 \gamma^\alpha \left(\mathscr{P}_\alpha - \frac{e}{c} A_\alpha \right) + V - i m_0 c^2 \mathring{\gamma}_4 - \frac{i\hbar c}{4} \mathring{\gamma}_4 \gamma^k \gamma^j \gamma_{j,k}$$

$$+ \frac{i\hbar c}{4} \mathring{\gamma}_4 \gamma^k \gamma^j \gamma^l \{jk, l\} \pm \frac{i\hbar c}{2} \mathring{\gamma}_4 \gamma^k \Gamma_{,k} \gamma. \tag{4.21}$$

As to be expected from physical reasons, it is hermitian ($H^+ = H$). Using the abbreviations

$$\text{a) } \mathring{\alpha}_\sigma = \mathring{\gamma}_4 \mathring{\gamma}_\sigma, \qquad \text{b) } \beta = -i\mathring{\gamma}_4 = \begin{pmatrix} 0 & 1 \\ 1 & 0 \end{pmatrix}, \tag{4.22}$$

and the auxiliary formula ($\omega_{\gamma'}^- = \omega_\gamma^+$)

$$\dot{d}_{\alpha\gamma} d_{\beta\gamma} = \sum_\gamma \Delta_{\alpha\beta\gamma} \omega_{\gamma'}^- = \Delta_{\alpha\beta\gamma} \omega_\gamma^+, \tag{4.23}$$

which can be derived from (3.72) and (3.86), with the help of

$$\mathring{\gamma}_4 \gamma^\sigma = \mathring{\alpha}_\sigma - k_\sigma \tag{4.24}$$

we find

$$H = H^{(I)} + H^{(NI)} \tag{4.25}$$

where

$$H^{(I)} = c\mathring{\alpha}_\sigma \left(\mathscr{P}_\sigma - \frac{e}{c} A_\sigma \right) + \beta m_0 c^2 + V \tag{4.26}$$

represents an inertial frame-like terms (label I) and

$$H^{(NI)} = \Delta_{\alpha\sigma\beta}(x_\sigma + X_b)\,\omega_\beta^+ \left(\mathscr{P}_\alpha - \frac{e}{c}\,A_\alpha\right) + \frac{i\hbar c}{4}\,\mathring{\gamma}_4(\gamma^k\gamma^j\gamma^l\{jk, l\} - \gamma^k\gamma^j\gamma_{j,k})$$

$$\pm \frac{1}{2}\,i\hbar c\mathring{\gamma}_4\gamma^k\Gamma_{,k}\gamma - \dot{X}_\alpha\left(\mathscr{P}_\alpha - \frac{e}{c}\,A_\alpha\right) \tag{4.27}$$

a non-inertial frame-like contribution (label NI).
From (4.13) and (4.14) we get ($\dot{\omega} = \boldsymbol{e}_\alpha\dot{\omega}_\alpha^+$)

$$\mathring{\gamma}_4\gamma^k\gamma^j\gamma_{j,k} = -\frac{2i}{c}\,\mathring{\mathfrak{S}}_\sigma\omega_\sigma + \frac{1}{c^2}\,\mathring{\alpha}_\sigma(\{\omega\times[\omega\times(\boldsymbol{r}+\boldsymbol{R})]\}_\sigma + \{(\boldsymbol{r}+\boldsymbol{R})\times\dot{\omega}\}_\sigma - \ddot{X}_\sigma) \tag{4.28}$$

and from (4.13), (4.14) and (4.8)

$$\mathring{\gamma}_4\gamma^k\gamma^j\gamma^l\{jk, l\} = \frac{1}{c^2}\,\mathring{\alpha}_\varepsilon[\{\omega\times[\omega\times(\boldsymbol{r}+\boldsymbol{R})]\}_\varepsilon + \{(\boldsymbol{r}+\boldsymbol{R})\times\dot{\omega}\}_\varepsilon - \ddot{X}_\varepsilon]. \tag{4.29}$$

Furthermore, from (4.16) we obtain

$$\gamma^k\Gamma_{,k}\gamma = 0. \tag{4.30}$$

The calculations performed above were based on the bispinor calculas in Riemannian space, which is established in detail in the monograph [*1*]. Particularly the bispinor quantities $\mathring{\mathfrak{S}}_{\alpha\beta}$ and $\mathring{\mathfrak{S}}_\alpha$ were used, which are defined by the equations

$$\text{a)}\ \mathring{\gamma}_\alpha\mathring{\gamma}_\varepsilon = \delta_{\alpha\varepsilon} + i\mathring{\mathfrak{S}}_{\alpha\varepsilon}, \qquad \text{b)}\ \mathring{\mathfrak{S}}_\varrho = \frac{1}{2}\,\Delta_{\varrho\alpha\varepsilon}\mathring{\mathfrak{S}}_{\alpha\varepsilon}. \tag{4.31}$$

With the help of all these intermediate results, the Hamiltonian reads

$$H = c\mathring{\alpha}_\sigma\left(\mathscr{P}_\sigma - \frac{e}{c}\,A_\sigma\right) + \beta m_0c^2 + V - \omega_\sigma^+\left[\left\{\boldsymbol{r}\times\left(\mathscr{P} - \frac{e}{c}\,\boldsymbol{A}\right)\right\}_\sigma + \frac{\hbar}{2}\,\mathring{\mathfrak{S}}_\sigma\right]$$

$$-\left(\mathscr{P}_\sigma - \frac{e}{c}\,A_\sigma\right)[\dot{X}_\sigma + (\omega\times\boldsymbol{R})_\sigma]. \tag{4.32}$$

This expression exactly corresponds to the result (3.137) obtained by the transformation method, if we take into account that in the latter case we treated the non-relativistic many-particle problem. Because we could show above the correspondence with the classical Hamiltonian (2.51), the logical consistence between classical mechanics, usual quantum mechanics and Dirac's theory of the electron is established.
The adjoint bispinor $\overline{\Psi}$ in the non-inertial frame is defined by

$$\overline{\Psi} = \Psi^+\beta. \tag{4.33}$$

By hermitian conjugation of (4.20), we obtain the Dirac equation for the hermitian conjugate bispinor Ψ^+:

$$(H\Psi)^+ = -i\hbar\,\frac{\partial\Psi^+}{\partial t}. \tag{4.34}$$

With the help of this equation and (4.20) we find the relation

$$\frac{\partial(\Psi^+\Psi)}{\partial t} = \frac{1}{i\hbar}\left[\Psi^+(H\Psi) - (H\Psi)^+\Psi\right] = -c(\Psi^+\mathring{\alpha}_\sigma\Psi)_{,\sigma}$$

$$+\,\omega_\sigma{}^+[\boldsymbol{r}\times\operatorname{grad}(\Psi^+\Psi)]_\sigma + [\dot{X}_\sigma + (\omega\times\boldsymbol{R})_\sigma]\,(\Psi^+\Psi)_{,\sigma}. \tag{4.35}$$

To confirm this result in another way we can start from the general-relativistic continuity equation

$$(\overline{\Psi}\gamma^k\Psi)_{;k} = \frac{1}{\sqrt{g}}\left(\sqrt{g}\,\overline{\Psi}\gamma^k\Psi\right)_{,k} \tag{4.36}$$

corresponding to the Dirac equation (4.15). Taking into account (4.6), we obtain

$$\frac{\partial}{\partial t}(\overline{\Psi}\gamma^4\Psi) = -c(\overline{\Psi}\gamma^\sigma\Psi)_{,\sigma}. \tag{4.37}$$

By means of (4.13), (4.14), (4.22), (4.23) and (4.24), this equation can be rearranged in the form (4.35).

By integration of (4.35) over the configuration space, because of the hermiticity of the Hamiltonian we find

$$\frac{d}{dt}\int \Psi^+\Psi\,dq = \frac{1}{i\hbar}\int\left[\Psi^+(H\Psi) - (H\Psi)^+\Psi\right]dq = 0. \tag{4.38}$$

This result is also justified by the fact that in the inertial frame

$$\frac{d}{dt}\int \Psi'^+\Psi'\,dq' = 0 \tag{4.39}$$

is valid, taking into account that bispinors in curvilinear coordinates transform like invariants [1]:

$$\Psi = \Psi', \tag{4.40}$$

From (4.35) resp. (4.37) we conclude that

$$\text{a)}\ j^\sigma = iec\overline{\Psi}\gamma^\sigma\Psi, \qquad \text{b)}\ \varrho = e\Psi^+\Psi \tag{4.41}$$

are to be interpreted as the electric current density resp. charge density in the non-inertial frame.

4.4. Approximation up to order $1/c^2$

For practical reasons, often the two-component spinor theory of the electron is sufficient. Following the line of paper [3], we therefore decompose the bispinor Ψ according to

$$\Psi = \begin{pmatrix}\Lambda\\ \theta\end{pmatrix} \tag{4.42}$$

into the spinors Λ and θ. Using the constant Pauli matrices σ_μ, which obey the relations

$$\sigma_\alpha\sigma_\beta = \delta_{\alpha\beta} + i\Delta_{\alpha\beta\gamma}\sigma_\gamma \tag{4.43a}$$

and have the concrete form

$$\sigma_1 = \begin{pmatrix} 0 & 1 \\ 1 & 0 \end{pmatrix}, \quad \sigma_2 = \begin{pmatrix} 0 & -i \\ i & 0 \end{pmatrix}, \quad \sigma_3 = \begin{pmatrix} 1 & 0 \\ 0 & -1 \end{pmatrix} \tag{4.43b}$$

and which are connected with the Dirac matrices $\mathring{\gamma}_m$ resp. $\mathring{\alpha}_\varrho$ by

$$\text{a) } \mathring{\gamma}_\mu = i \begin{pmatrix} 0 & -\sigma_\mu \\ \sigma_\mu & 0 \end{pmatrix}, \qquad \text{b) } \mathring{\gamma}_4 = i \begin{pmatrix} 0 & 1 \\ 1 & 0 \end{pmatrix} = i\beta, \qquad \text{c) } \mathring{\alpha}_\varrho = \begin{pmatrix} -\sigma_\varrho & 0 \\ 0 & \sigma_\varrho \end{pmatrix} \tag{4.44}$$

(our "standard representation" [1]), we deduce from the Schrödinger form (4.20) of the Dirac equation the following two two-component equations

$$\begin{aligned} \text{a) } i\hbar \frac{\partial \Lambda}{\partial t} &= -c\sigma_\varrho \left(\mathscr{P}_\varrho - \frac{e}{c} A_\varrho\right) \Lambda + m_0 c^2 \theta + V\Lambda \\ &- \omega_\varrho^+ \left[\left\{\boldsymbol{r} \times \left(\mathscr{P} - \frac{e}{c} \boldsymbol{A}\right)\right\}_\varrho + \frac{\hbar}{2} \sigma_\varrho\right] \Lambda - \left(\mathscr{P}_\varrho - \frac{e}{c} A_\varrho\right) [\dot{X}_\varrho + (\omega \times \boldsymbol{R})_\varrho] \Lambda, \\ \text{b) } i\hbar \frac{\partial \theta}{\partial t} &= c\sigma_\varrho \left(\mathscr{P}_\varrho - \frac{e}{c} A_\varrho\right) \theta + m_0 c^2 \Lambda + V\theta \\ &- \omega_\varrho^+ \left[\left\{\boldsymbol{r} \times \left(\mathscr{P} - \frac{e}{c} \boldsymbol{A}\right)\right\}_\varrho + \frac{\hbar}{2} \sigma_\varrho\right] \theta - \left(\mathscr{P}_\varrho - \frac{e}{c} A_\varrho\right) [\dot{X}_\varrho + (\omega \times \boldsymbol{R})_\varrho] \theta. \end{aligned} \tag{4.45}$$

Both equations can be written much simpler if we introduce the operators

$$\begin{aligned} \text{a) } \overline{D}_\varrho &= \left[\boldsymbol{r} \times \left(\mathscr{P} - \frac{e}{c} \boldsymbol{A}\right)\right]_\varrho + \frac{\hbar}{2} \sigma_\varrho = \overline{D}_\varrho^+ \quad \text{(angular momentum)}, \\ \text{b) } N &= \sigma_\varrho \left(\mathscr{P}_\varrho - \frac{e}{c} A_\varrho\right) = N^+ \end{aligned} \tag{4.46}$$

as abbreviations.

We get

$$\begin{aligned} \text{a) } i\hbar \frac{\partial \Lambda}{\partial t} &= -cN\Lambda + m_0 c^2 \theta + V\Lambda - (\omega_\varrho^+ \overline{D}_\varrho) \Lambda - \left(\mathscr{P}_\varrho - \frac{e}{c} A_\varrho\right) [\dot{X}_\varrho + (\omega \times \boldsymbol{R})_\varrho] \Lambda, \\ \text{b) } i\hbar \frac{\partial \theta}{\partial t} &= cN\theta + m_0 c^2 \Lambda + V\theta - (\omega_\varrho^+ \overline{D}_\varrho) \theta - \left(\mathscr{P}_\varrho - \frac{e}{c} A_\varrho\right) [\dot{X}_\varrho + (\omega \times \boldsymbol{R})_\varrho] \theta. \end{aligned} \tag{4.47}$$

According to the well known elimination method, we go over to the new spinor wave functions

$$\begin{aligned} \text{a) } \mu &= \Lambda + \theta \qquad \text{(large wave function)}, \\ \text{b) } \nu &= \Lambda - \theta \qquad \text{(small wave function)}. \end{aligned} \tag{4.48}$$

Transcribing both the equations (4.47), we find

$$\begin{aligned} \text{a) } i\hbar \frac{\partial \mu}{\partial t} &= -cN\nu + m_0 c^2 \mu + V\mu - (\omega_\varrho^+ \overline{D}_\varrho) \mu - \left(\mathscr{P}_\varrho - \frac{e}{c} A_\varrho\right) [\dot{X}_\varrho + (\omega \times \boldsymbol{R})_\varrho] \mu, \\ \text{b) } i\hbar \frac{\partial \nu}{\partial t} &= -cN\mu - m_0 c^2 \nu + V\nu - (\omega_\varrho^+ \overline{D}_\varrho) \nu - \left(\mathscr{P}_\varrho - \frac{e}{c} A_\varrho\right) [\dot{X}_\varrho + (\omega \times \boldsymbol{R})_\varrho] \nu. \end{aligned} \tag{4.49}$$

At this stage of deduction it is convenient to separate the rest energy according to

$$\text{a) } \mu = \psi_I e^{-(i/\hbar) m_0 c^2 t}, \qquad \text{b) } \nu = \psi_{II} e^{-(i/\hbar) m_0 c^2 t}. \tag{4.50}$$

Hence, we obtain the reduced equations

$$\text{a) } i\hbar \frac{\partial \psi_I}{\partial t} = -cN\psi_{II} + V\psi_I - (\omega_\varrho{}^+\overline{D}_\varrho)\,\psi_I - \left(\mathscr{P}_\varrho - \frac{e}{c} A_\varrho\right)[\dot{X}_\varrho + (\boldsymbol{\omega} \times \boldsymbol{R})_\varrho]\,\psi_I,$$

$$\begin{aligned} \text{b) } i\hbar \frac{\partial \psi_{II}}{\partial t} &= -cN\psi_I - 2m_0c^2\psi_{II} + V\psi_{II} - (\omega_\varrho{}^+\overline{D}_\varrho)\,\psi_{II} \\ &\quad - \left(\mathscr{P}_\varrho - \frac{e}{c} A_\varrho\right)[\dot{X}_\varrho + (\boldsymbol{\omega} \times \boldsymbol{R})_\varrho]\,\psi_{II}. \end{aligned} \tag{4.51}$$

Expanding both wave functions ψ_I and ψ_{II} with respect to $1/c$ (see e.g. STEPHANI [8]):

$$\text{a) } \psi_I = \underset{0}{\psi_I} + \frac{1}{c}\underset{1}{\psi_I} + \frac{1}{c^2}\underset{2}{\psi_I} + \cdots, \qquad \text{b) } \psi_{II} = \underset{0}{\psi_{II}} + \frac{1}{c}\underset{1}{\psi_{II}} + \frac{1}{c^2}\underset{2}{\psi_{II}} + \cdots \tag{4.52}$$

and comparing the coefficients, we may fulfil both differential equations up to the second order in $1/c$ by:

$$\underset{1}{\psi_I} = 0, \qquad \underset{0}{\psi_{II}} = 0, \qquad \underset{2}{\psi_{II}} = 0 \qquad \text{etc.} \tag{4.53}$$

Under these conditions, the system of differential equations for the quantities $\underset{0}{\psi_I}$ and $\underset{2}{\psi_I}$ follows from (4.51):

$$\text{a) } i\hbar \frac{\partial \underset{0}{\psi_I}}{\partial t} = \frac{1}{2m_0} N^2 \underset{0}{\psi_I} + V\underset{0}{\psi_I} - (\omega_\varrho{}^+\overline{D}_\varrho)\,\underset{0}{\psi_I} - \left(\mathscr{P}_\varrho - \frac{e}{c} A_\varrho\right)[\dot{X}_\varrho + (\boldsymbol{\omega} \times \boldsymbol{R})_\varrho]\,\underset{0}{\psi_I},$$

$$\begin{aligned} \text{b) } i\hbar \frac{\partial \underset{2}{\psi_I}}{\partial t} &= \frac{1}{2m_0} N^2 \underset{2}{\psi_I} + V\underset{2}{\psi_I} - (\omega_\varrho{}^+\overline{D}_\varrho)\,\underset{2}{\psi_I} - \left(\mathscr{P}_\varrho - \frac{e}{c} A_\varrho\right)[\dot{X}_\varrho + (\boldsymbol{\omega} \times \boldsymbol{R})_\varrho]\,\underset{2}{\psi_I} \\ &\quad - \frac{i\hbar}{4m_0{}^2} N \frac{\partial}{\partial t}\left(N\underset{0}{\psi_I}\right) + \frac{1}{4m_0{}^2} NVN\underset{0}{\psi_I} - \frac{1}{4m_0{}^2} N(\omega_\varrho{}^+\overline{D}_\varrho)\,N\underset{0}{\psi_I} \\ &\quad - \frac{1}{4m_0{}^2} N\left(\mathscr{P}_\varrho - \frac{e}{c} A_\varrho\right)[\dot{X}_\varrho + (\boldsymbol{\omega} \times \boldsymbol{R})_\varrho]\,N\underset{0}{\psi_I}. \end{aligned} \tag{4.54}$$

From these two equations we find after some eliminations

$$i\hbar \frac{\partial \psi_I}{\partial t} = \hat{\mathscr{H}}\psi_I, \tag{4.55}$$

where

$$\begin{aligned} \hat{\mathscr{H}} &= \frac{1}{2m_0} N^2 + V - \frac{1}{8m_0{}^3c^2} N^4 - \frac{1}{4m_0{}^2c^2} N\left\{[N, V] + i\hbar \frac{\partial N}{\partial t}\right\} - \omega_\varrho{}^+\overline{D}_\varrho \\ &\quad - \left(\mathscr{P}_\varrho - \frac{e}{c} A_\varrho\right)[\dot{X}_\varrho + (\boldsymbol{\omega} \times \boldsymbol{R})_\varrho] \\ &\quad - \frac{1}{4m_0{}^2c^2} N\left[\omega_\varrho{}^+\overline{D}_\varrho + \left(\mathscr{P}_\varrho - \frac{e}{c} A_\varrho\right)\left(\dot{X}_\varrho + (\boldsymbol{\omega} \times \boldsymbol{R})_\varrho\right), N\right]. \end{aligned} \tag{4.56}$$

This expression proves to be non-hermitian, e.g.

$$(N[\bar{D}_\varrho, N])^+ = -[\bar{D}_\varrho, N]\, N. \tag{4.57}$$

Therefore we perform the non-unitary transformation

$$\text{a) } \phi = \mathcal{K}\psi_I, \qquad \text{b) } \mathcal{H} = \mathcal{K}\mathring{\mathcal{H}}\mathcal{K}^{-1} + i\hbar\,\frac{\partial\mathcal{K}}{\partial t}\,\mathcal{K}^{-1} \tag{4.58}$$

with the transformation operator

$$\text{a) } \mathcal{K} = \frac{1}{\sqrt{2}}\left(1 + \frac{1}{8m_0{}^2c^2}\,N^2\right), \qquad \text{b) } \mathcal{K}^{-1} = \sqrt{2}\left(1 - \frac{1}{8m_0{}^2c^2}\,N^2\right), \tag{4.59}$$

which leads from (4.55) to the spinor wave equation

$$i\hbar\,\frac{\partial\phi}{\partial t} = \mathcal{H}\phi \tag{4.60}$$

with the hermitian Hamiltonian (up to the intended order in $1/c$)

$$\mathcal{H} = \mathcal{H}^{(I)} + \mathcal{H}^{(NI)}. \tag{4.61}$$

Here the notation is chosen analogously to (4.25). The concrete expressions occuring in equation (4.61) are:

$$\mathcal{H}^{(I)} = \frac{1}{2m_0}\,N^2 + V - \frac{1}{8m_0{}^3c^2}\,N^4 + \frac{1}{8m_0{}^2c^2}\,[[N, V], N] + \frac{i\hbar}{8m_0{}^2c^2}\left[\frac{\partial N}{\partial t}, N\right], \tag{4.62}$$

$$\begin{aligned}\mathcal{H}^{(NI)} &= -\omega_\varrho{}^+\bar{D}_\varrho - \left(\mathcal{P}_\varrho - \frac{e}{c}\,A_\varrho\right)[\dot{X}_\varrho + (\omega \times \boldsymbol{R})_\varrho] \\ &\quad - \frac{1}{8m_0{}^2c^2}\left\{\omega_\varrho{}^+[N, [\bar{D}_\varrho, N]] + (\dot{X}_\varrho + (\omega \times \boldsymbol{R})_\varrho)\left[N, \left[\mathcal{P}_\varrho - \frac{e}{c}\,A_\varrho, N\right]\right]\right\}. \end{aligned} \tag{4.63}$$

The hermiticity of these terms can be shown by transition to the hermitian conjugate equations.

Though we symbolized by the label "I" the contribution to the Hamiltonian, which resembles the well known term within an inertial frame, one should realize that all quantities, i.e. also the electromagnetic ones, refer to the non-inertial frame. This means for practical application that the Maxwell equations must be solved within the non-inertial frame, and only the obtained solutions are appropriate for substitution into the Hamiltonian.

Let us now rewrite the above expressions for a better physical understanding.

First, we obtain from (4.46 b) using the spinor quantities

$$\sigma_{\alpha\beta} = \frac{1}{2i}\,[\sigma_\alpha, \sigma_\beta] = \Delta_{\alpha\beta\gamma}\sigma_\gamma \tag{4.64}$$

the result

$$N^2 = \left(\mathcal{P}_\alpha - \frac{e}{c}\,A_\alpha\right)\left(\mathcal{P}_\alpha - \frac{e}{c}\,A_\alpha\right) - \frac{e\hbar}{2c}\,\sigma_{\alpha\beta}B_{\alpha\beta}, \tag{4.65}$$

where

$$B_{\alpha\beta} = A_{\beta,\alpha} - A_{\alpha,\beta} \tag{4.66}$$

denotes the magnetic field strength tensor.

Furthermore, we find the convenient results ($\sigma = e_\alpha \sigma_\alpha$):

$$[[N, V], N] = \hbar^2 \Delta V + 2\hbar\sigma \left\{\text{grad } V \times \left(\mathscr{P} - \frac{e}{c} \boldsymbol{A}\right)\right\} + O\left(\frac{1}{c}\right) \tag{4.67}$$

and

$$\left[\frac{\partial N}{\partial t}, N\right] = -\frac{ie\hbar}{c} \frac{\partial \operatorname{div} \boldsymbol{A}}{\partial t} - \frac{2ie}{c} \sigma \left[\frac{\partial' \boldsymbol{A}}{\partial t} \times \left(\mathscr{P} - \frac{e}{c} \boldsymbol{A}\right) + i\hbar \frac{\partial' \boldsymbol{B}}{\partial t}\right]$$

$$- \frac{e\hbar}{2c} \sigma_{\alpha\beta} \frac{\partial B_{\alpha\beta}}{\partial t} + O\left(\frac{1}{c^2}\right), \tag{4.68}$$

where the notation (2.38) is applied and the vector notation is referred to the non-inertial frame.

For further simplification we use (2.56a). This means (in this approximation $k_\alpha = g_\alpha$)

$$\text{a)}\ \sigma_{\alpha\beta} B_{\alpha\beta} = 2\sigma(\boldsymbol{B} + \boldsymbol{g} \times \boldsymbol{E}) + O\left(\frac{1}{c^2}\right), \qquad \text{b)}\ \sigma_{\alpha\beta} \frac{\partial B_{\alpha\beta}}{\partial t} = 2\sigma \frac{\partial'}{\partial t} (\boldsymbol{B} + \boldsymbol{g} \times \boldsymbol{E}) + O\left(\frac{1}{c^2}\right). \tag{4.69}$$

Here, in this approximation instead of (2.53b)

$$\boldsymbol{B} = \boldsymbol{e}_\mu B^\mu \equiv \boldsymbol{e}_\mu B_\mu \tag{4.70}$$

can be inserted. With the help of these two relations, the equations (4.65) and (4.68) take the form

$$N^2 = \left(\mathscr{P} - \frac{e}{c} \boldsymbol{A}\right)^2 - \frac{e\hbar}{c} \sigma \boldsymbol{B} + O\left(\frac{1}{c^2}\right), \tag{4.71}$$

$$\left[\frac{\partial N}{\partial t}, N\right] = -\frac{ie\hbar}{c} \frac{\partial \operatorname{div} \boldsymbol{A}}{\partial t} + \frac{2ie}{c} \sigma \left[\left(\mathscr{P} - \frac{e}{c} \boldsymbol{A}\right) \times \frac{\partial' \boldsymbol{A}}{\partial t}\right] - \frac{e\hbar}{c} \sigma \frac{\partial' \boldsymbol{B}}{\partial t} + O\left(\frac{1}{c^2}\right). \tag{4.72}$$

The next step of our calculations consists in deriving the relations

$$[\overline{\boldsymbol{D}}, N] = \frac{ie\hbar}{c} \boldsymbol{r} \times (\sigma \times \boldsymbol{B}) + O\left(\frac{1}{c^2}\right), \tag{4.73}$$

$$[N, [\overline{\boldsymbol{D}}, N]] = \frac{2e\hbar}{c} \boldsymbol{r} \times \left(\boldsymbol{B} \times \left[\sigma \times \left(\mathscr{P} - \frac{e}{c} \boldsymbol{A}\right)\right]\right) + \frac{e\hbar^2}{c} \{\boldsymbol{r} \times \operatorname{rot} \boldsymbol{B} - 2\boldsymbol{B}$$

$$- i(\boldsymbol{r} \times \operatorname{rot} \boldsymbol{B} + (\boldsymbol{r}\nabla)\boldsymbol{B} + \boldsymbol{B}) \times \sigma - i[(\boldsymbol{r} \times \sigma) \dot{\nabla}] \boldsymbol{B}\} + O\left(\frac{1}{c^2}\right), \tag{4.74}$$

$$\left[\mathscr{P} - \frac{e}{c} \boldsymbol{A}, N\right] = \frac{ie\hbar}{c} \sigma \times \boldsymbol{B} + O\left(\frac{1}{c^2}\right), \tag{4.75}$$

$$\left[N, \left[\mathscr{P} - \frac{e}{c} \boldsymbol{A}, N\right]\right] = \frac{2e\hbar}{c} \boldsymbol{B} \times \left[\sigma \times \left(\mathscr{P} - \frac{e}{c} \boldsymbol{A}\right)\right]$$

$$+ \frac{e\hbar^2}{c} [\operatorname{rot} \boldsymbol{B} + i\sigma \times \operatorname{rot} \boldsymbol{B} + i(\sigma\nabla) \boldsymbol{B} - i\sigma \operatorname{div} \boldsymbol{B}] + O\left(\frac{1}{c^2}\right). \tag{4.76}$$

By means of these results the expressions (4.62) and (4.63) take the form

$$\begin{aligned}\mathscr{H}^{(I)} = {} & \frac{1}{2m_0}\left(\mathscr{P} - \frac{e}{c}\boldsymbol{A}\right)^2 + V - \frac{e\hbar}{2m_0c}\,\sigma(\boldsymbol{B} + \boldsymbol{g}\times\boldsymbol{E}) - \frac{1}{8m_0{}^3c^2}\left(\mathscr{P} - \frac{e}{c}\boldsymbol{A}\right)^4 \\ & + \frac{\hbar^2}{8m_0{}^2c^2}\,\Delta V + \frac{\hbar}{4m_0{}^2c^2}\,\sigma\left[\operatorname{grad} V\times\left(\mathscr{P} - \frac{e}{c}\boldsymbol{A}\right)\right] + \frac{e\hbar^2}{8m_0{}^2c^3}\,\frac{\partial \operatorname{div}\boldsymbol{A}}{\partial t} \\ & + \frac{e\hbar}{4m_0{}^2c^3}\,\sigma\left[\frac{\partial'\boldsymbol{A}}{\partial t}\times\left(\mathscr{P} - \frac{e}{c}\boldsymbol{A}\right)\right] + \frac{ie\hbar^2}{8m_0{}^2c^3}\,\sigma\,\frac{\partial'\boldsymbol{B}}{\partial t} + O\left(\frac{1}{c^3}\right),\end{aligned} \tag{4.77}$$

$$\begin{aligned}\mathscr{H}^{(NI)} = {} & -\omega\overline{\boldsymbol{D}} - \left(\mathscr{P} - \frac{e}{c}\boldsymbol{A}\right)\left(\frac{d'\boldsymbol{R}}{dt} + \omega\times\boldsymbol{R}\right) - \frac{e\hbar\omega}{4m_0{}^2c^3}\left\{\boldsymbol{r}\times\left(\boldsymbol{B}\times\left[\sigma\times\left(\mathscr{P} - \frac{e}{c}\boldsymbol{A}\right)\right]\right)\right\} \\ & - \frac{e\hbar^2\omega}{8m_0{}^2c^3}\left\{\boldsymbol{r}\times\operatorname{rot}\boldsymbol{B} - 2\boldsymbol{B} - i\left(\boldsymbol{r}\times\operatorname{rot}\boldsymbol{B} + (\boldsymbol{r}\nabla)\,\boldsymbol{B} + \boldsymbol{B}\right)\times\sigma - i[(\boldsymbol{r}\times\sigma)\,\nabla]\,\boldsymbol{B}\right\} \\ & - \frac{e\hbar}{4m_0{}^2c^3}\left(\frac{d'\boldsymbol{R}}{dt} + \omega\times\boldsymbol{R}\right)\left[\boldsymbol{B}\times\left\{\sigma\times\left(\mathscr{P} - \frac{e}{c}\boldsymbol{A}\right)\right\}\right] \\ & - \frac{e\hbar^2}{8m_0{}^2c^3}\left(\frac{d'\boldsymbol{R}}{dt} + \omega\times\boldsymbol{R}\right)\{\operatorname{rot}\boldsymbol{B} + i\sigma\times\operatorname{rot}\boldsymbol{B} + i(\sigma\nabla)\,\boldsymbol{B} - i\sigma\operatorname{div}\boldsymbol{B}\} + O\left(\frac{1}{c^4}\right).\end{aligned} \tag{4.78}$$

One should realize that in this explicit form $\mathscr{H}^{(I)}$ also contains terms resulting from the non-inertiality of the frame of reference. These terms originate from the electromagnetic field in the non-inertial frame.

Introducing Bohr's magneton

$$\mu_B = \frac{e_0\hbar}{2m_0c} \tag{4.79}$$

(e_0 absolute value of the elementary charge) and neglecting terms of higher order of magnitude, we can simplify the Hamiltonian as follows ($V = e\varphi$):

$$\begin{aligned}\mathscr{H} = {} & \frac{1}{2m_0}\left(\mathscr{P} - \frac{e}{c}\boldsymbol{A}\right)^2 + e\varphi - \frac{1}{8m_0{}^3c^2}\left(\mathscr{P} - \frac{e}{c}\boldsymbol{A}\right)^4 \\ & - \frac{e}{e_0}\,\mu_B\left[\frac{\hbar}{4m_0c}\operatorname{div}\boldsymbol{E} + \sigma\left\{\boldsymbol{B} + \frac{1}{2m_0c}\,\boldsymbol{E}\times\left(\mathscr{P} - \frac{e}{c}\boldsymbol{A} - 2m_0c\boldsymbol{g}\right) - \frac{i\hbar}{4m_0c^2}\,\frac{\partial'\boldsymbol{B}}{\partial t}\right\}\right] \\ & - \omega\overline{\boldsymbol{D}} - \left(\frac{d'\boldsymbol{R}}{dt} + \omega\times\boldsymbol{R}\right)\left(\mathscr{P} - \frac{e}{c}\boldsymbol{A}\right).\end{aligned} \tag{4.80}$$

The physical meaning of the "inertial terms" is well known. The consequences of the "non-inertial terms" will be discussed later.

Some years ago, MITSKIEVICH [9] derived the additional terms to the Hamiltonian, caused by weak gravitational fields. Recently, COLLIER [10] calculated the Hamiltonian up to the Pauli approximation (first order in $1/c$), taking into account the combination of weak gravitational fields and non-inertial frames.

Furthermore, we mention that the additional terms to the Hamiltonian originated by the rotation of the frame are also important for treating rotating atomic nuclei. Investigations in this direction were carried out by CASIMIR, A. BOHR, MOTTELSON, et. al. [11] in connection with the rotation-particle coupling, etc.

For practical calculations in the Schrödinger representation on the basis of the spinor wave equation (4.60), from (4.80) follows up to the second order in $1/c$:

$$\begin{aligned}
\mathscr{H}\phi = &-\frac{\hbar^2}{2m_0}\,\Delta\phi + i\,\frac{e}{e_0}\,\mu_B\,\mathrm{div}\boldsymbol{A}\,\phi + 2i\,\frac{e}{e_0}\,\mu_B\boldsymbol{A}\,\mathrm{grad}\,\phi + \frac{e^2}{2m_0c^2}\,\boldsymbol{A}^2\phi + e\varphi\phi \\
&- \frac{1}{8{m_0}^3c^2}\left[\hbar^4\Delta(\Delta\phi) - \frac{ie\hbar^3}{c}\,\Delta(\mathrm{div}\boldsymbol{A}\,\phi) - \frac{2ie\hbar^3}{c}\,\Delta(\boldsymbol{A}\,\mathrm{grad}\,\phi)\right.\\
&- \frac{e^2\hbar^2}{c^2}\,\Delta(\boldsymbol{A}^2\phi) - \frac{ie\hbar^3}{c}\,\mathrm{div}\boldsymbol{A}\,\Delta\phi - \frac{e^2\hbar^2}{c^2}\,(\mathrm{div}\,\boldsymbol{A})^2\,\phi - \frac{2e^2\hbar^2}{c^2}\,\mathrm{div}\,\boldsymbol{A}(\boldsymbol{A}\,\mathrm{grad}\,\phi)\\
&+ \frac{ie^3\hbar}{c^3}\,\boldsymbol{A}^2\,\mathrm{div}\boldsymbol{A}\,\phi - \frac{2ie\hbar^3}{c}\,\boldsymbol{A}\,\mathrm{grad}\,(\Delta\phi) - \frac{2e^2\hbar^2}{c^2}\,\boldsymbol{A}\,\mathrm{grad}\,(\mathrm{div}\,\boldsymbol{A}\phi)\\
&- \frac{4e^2\hbar^2}{c^2}\,\boldsymbol{A}\,\mathrm{grad}\,(\boldsymbol{A}\,\mathrm{grad}\,\phi) + \frac{2ie^3\hbar}{c^3}\,\boldsymbol{A}\,\mathrm{grad}\,(\boldsymbol{A}^2\phi) - \frac{e^2\hbar^2\boldsymbol{A}^2}{c^2}\,\Delta\phi\\
&\left.+ \frac{ie^3\hbar}{c^3}\,\boldsymbol{A}^2\,\mathrm{div}\boldsymbol{A}\,\phi + \frac{2ie^3\hbar}{c^3}\,\boldsymbol{A}^2(\boldsymbol{A}\,\mathrm{grad}\,\phi) + \frac{e^4}{c^4}\,\boldsymbol{A}^4\phi\right]\\
&- \frac{e}{e_0}\,\mu_B\left[\frac{\hbar}{4m_0c}\,\mathrm{div}\boldsymbol{E}\,\phi + \sigma\left\{\boldsymbol{B}\phi - \frac{i\hbar}{2m_0c}\,\boldsymbol{E}\times\left(\mathrm{grad}\,\phi - \frac{ie}{\hbar c}\left[\boldsymbol{A} + \frac{2m_0c^2}{e}\,\boldsymbol{g}\right]\phi\right)\right.\right.\\
&\left.\left.- \frac{i\hbar}{4m_0c^2}\,\frac{\partial'\boldsymbol{B}}{\partial t}\,\phi\right\}\right] - \omega(\overline{\boldsymbol{D}}\phi) + i\hbar\left(\frac{d'\boldsymbol{R}}{dt} + \omega\times\boldsymbol{R}\right)\left(\mathrm{grad}\,\phi - \frac{ie}{\hbar c}\boldsymbol{A}\phi\right).
\end{aligned} \tag{4.81}$$

Concluding this section, we calculate the electric current and charge densities corresponding to the approximation up to the second order in $1/c$.

The usual procedure consists in deriving from the spinor wave equation (4.60) the relation

$$\frac{\partial(\phi^+\phi)}{\partial t} - \frac{1}{i\hbar}\,[\phi^+(\mathscr{H}\phi) - (\mathscr{H}\phi)^+\,\phi] = 0 \tag{4.82}$$

Then by means of (4.81) we find

$$\begin{aligned}
\phi^+(\mathscr{H}\phi) - (\mathscr{H}\phi)^+\,\phi = &-\frac{\hbar^2}{2m_0}\,\mathrm{div}\left[\phi^+\,\mathrm{grad}\,\phi - (\mathrm{grad}\,\phi^+)\,\phi\right.\\
&- \frac{2ie}{\hbar c}\left(\boldsymbol{A} + \frac{m_0c^2}{e}\,\boldsymbol{g}\right)\phi^+\phi + \frac{ie\mu_B}{e_0\hbar c}\,\boldsymbol{E}\times(\phi^+\sigma\phi)\\
&\left.+ \frac{\hbar^2}{4{m_0}^2c^2}\,\{\phi^+\,\mathrm{grad}\,(\Delta\phi) - (\mathrm{grad}\,\Delta\phi^+)\,\phi + (\mathrm{grad}\,\phi^+_{,\sigma})\,\phi_{,\sigma} - \phi^+_{,\sigma}\,\mathrm{grad}\,\phi_{,\sigma}\}\right].
\end{aligned} \tag{4.83}$$

Inserting this result into (4.82) and comparing it with the continuity equation

$$\frac{\partial\varrho}{\partial t} + \mathrm{div}\,\boldsymbol{j} = 0\,, \tag{4.84}$$

leads us to the electric charge density

$$\varrho = e\phi^+\phi \tag{4.85}$$

and to the electric current density

$$\boldsymbol{j} = \frac{e\hbar}{2m_0 i}\left[\phi^+ \operatorname{grad}\phi - (\operatorname{grad}\phi^+)\,\phi - \frac{2ie}{\hbar c}\left(\boldsymbol{A} + \frac{m_0c^2}{e}\,\boldsymbol{g}\right)\phi^+\phi\right.$$

$$+ \frac{ie\mu_B}{e_0\hbar c}\,\boldsymbol{E}\times(\phi^+\sigma\phi) + \frac{\hbar^2}{4m_0{}^2c^2}\,\{\phi^+ \operatorname{grad}(\Delta\phi) - (\operatorname{grad}\Delta\phi^+)\,\phi$$

$$\left.+ (\operatorname{grad}\phi^+_{,\sigma})\,\phi_{,\sigma} - \phi^+_{,\sigma}\operatorname{grad}\phi_{,\sigma}\} - i\operatorname{rot}(\phi^+\sigma\phi)\right]. \tag{4.86}$$

As for the interpretation, one realizes that there is an equivalence between non-inertiality and a magnetic field. Furthermore, one should keep in mind that the term $\boldsymbol{E}\times(\phi^+\sigma\phi)$ results from "spin-orbit coupling", while the quantity $\{\ \}$ has its origin in the term $(\mathscr{P} - (e/c)\,\boldsymbol{A})^4$ in the Hamiltonian (4.80).
The other way of deriving the expressions for ϱ and $\boldsymbol{j}$ consists in approximating the quantities (4.41) by means of (4.42), (4.58), etc. This method leads to a divergence term additional to ϱ and a rotation term additional to $\boldsymbol{j}$. We added the rotation term already in (4.86).

5. Josephson effect and non-inertiality

5.1. Imitation of an electromagnetic field by the non-inertiality of the frame of reference

The formula (4.86) for the electric current density shows that the motion of the frame of reference leads to the following alteration of the vector potential

$$\boldsymbol{A} \to \boldsymbol{A} + \frac{m_0c^2}{e}\,\boldsymbol{g} = \boldsymbol{A} + \frac{m_0c}{e}\left[\frac{d'\boldsymbol{R}}{dt} + \boldsymbol{\omega}\times(\boldsymbol{r}+\boldsymbol{R})\right] \tag{5.1}$$

which, according to (2.91), corresponds to the following alterations of the field strengths:

$$\text{a)}\ \boldsymbol{E} \to \boldsymbol{E} - \frac{m_0c}{e}\frac{\partial'\boldsymbol{g}}{\partial t} = \boldsymbol{E} - \frac{m_0}{e}\left[\frac{d'^2\boldsymbol{R}}{dt^2} + \dot{\boldsymbol{\omega}}\times(\boldsymbol{R}+\boldsymbol{r}) + \boldsymbol{\omega}\times\frac{d'\boldsymbol{R}}{dt}\right],$$

$$\text{b)}\ \boldsymbol{B} \to \boldsymbol{B} + \frac{m_0c^2}{e}\operatorname{rot}\boldsymbol{g} + \frac{m_0c}{2e}\,\boldsymbol{g}\times\frac{\partial'\boldsymbol{g}}{\partial t} = \boldsymbol{B} + \frac{2m_0c}{e}\,\boldsymbol{\omega} \tag{5.2}$$

$$+ \frac{m_0}{2ec}\left[\frac{d'\boldsymbol{R}}{dt} + \boldsymbol{\omega}\times(\boldsymbol{r}+\boldsymbol{R})\right]\times\left[\frac{d'^2\boldsymbol{R}}{dt^2} + \dot{\boldsymbol{\omega}}\times(\boldsymbol{r}+\boldsymbol{R}) + \boldsymbol{\omega}\times\dot{\boldsymbol{R}}\right].$$

This means that the non-inertiality of a frame of reference yields "imitated electromagnetic fields" even in the case when genuine electromagnetic fields are not present.

5.2. Non-inertial Josephson effect

In the quantum mechanical foundation of the Ginzburg-Landau theory of superconductors the electric current density plays an important role. The above considerations showed that, according to (5.1), the vector potential is altered by the non-inertiality of the frame of reference. Because the vector potential is closely connected with the *dc*-Josephson effect, it seems to be obvious that from non-inertiality a "non-inertial Josephson effect" results, which is the generalization of the predicted "rotational Josephson effect" [3].

Let us apply (5.2b) to the case just mentioned. We find that a rotating Josephson device (SQUID) should measure an "imitated magnetic field" of

$$\boldsymbol{B}_\omega = \frac{2m_0c}{e_0}\,\boldsymbol{\omega} = 11.4 \cdot 10^{-8}\omega \text{ Gauss s} \tag{5.3}$$

(for Cooper pairs $e \to -2e_0$, $m_0 \to 2m_0$).

Since our Earth is a rotating laboratory with the angular velocity $\omega_{\text{Earth}} = 0.73 \cdot 10^{-4}$ s, an effect of

$$B_{\omega\text{Earth}} = 8.3 \cdot 10^{-12} \text{ Gauss} \tag{5.4}$$

results. This order of magnitude of magnetic fields was measured recently. Therefore, when performing precision measurements in future, this rotational effect should be taken into consideration.

Generalizing MATISOV's calculation [12] of the phase difference of the Josephson effect, we find for the pure rotational case

$$\chi(P_1) - \chi(P_2) = \frac{2e}{\hbar c}\oint\left(\boldsymbol{A} + \frac{m_0c^2}{e}\,\boldsymbol{g}\right)d\boldsymbol{s} = \frac{2e}{\hbar c}\int\left(\boldsymbol{B} + \frac{2m_0c}{e}\,\boldsymbol{\omega}\right)d\boldsymbol{f}$$
$$= \frac{1}{\phi_0}\int \boldsymbol{B}\,d\boldsymbol{f} + \frac{1}{C_0}\int \boldsymbol{\omega}\,d\boldsymbol{f}. \tag{5.5}$$

This means that, analogously to the "magnetic flux quantum" (fluxon)

$$\phi_0 = \frac{hc}{2e} = 2.07 \cdot 10^{-7} \text{ Gauss cm}^2, \tag{5.6}$$

a "vorticity quantum" (fluxoid)

$$C_0 = \frac{h}{4m_0} \tag{5.7}$$

can be defined. This quantity appears also in the theory of rotating superfluid helium [13].

By a semi-classical approach ZIMMERMANN and MERCERAU [14] were led to an interesting experiment, which confirmed the formula (5.3). The rotational period of the device was surprisingly small.

Let us conclude this section by mentioning that a connection between magnetic fields and angular velocities occurs in different fields of physics, but as a rule the causes are of different nature: We know the Barnett effect, which has its origin in the spin parallelization by rotation of a material. Furthermore, the Nichols-Tolman effect is well known, according to which an electrically conducting rotating material produces a magnetic field [15], etc.

The whole complex of problems resembles the connection between rotation and the metric field, though the physical background is basically different: Some years ago, the Lense-Thirring effect was discussed by ZELDOVICH [16], predicting a kind of Zeeman effect caused by the rotation of giant masses. Also papers by DEWITT [17] and PAPINI [18] should be mentioned in which the Lense-Thirring effect in connection with rotating superconductors was treated. One of the subjects of these papers was the investigation of Mach's principle.

6. An atom fixed to a rotating disk

6.1. The electromagnetic field in the rest frame of an electric charge fixed to a rotating disk

Let us denote the Galilei coordinates of the inertial frame by

$$\{x^{i'}\} = \{x', y', z', ct'\}.$$

The transformation

$$x^1 = x = x' \cos(\omega t') + y' \sin(\omega t'), \qquad x^2 = y = -x' \sin(\omega t') + y' \cos(\omega t'),$$

$$x^3 = z = z', \qquad x^4 = c\bar{t} = ct' = x^{4'} \tag{6.1}$$

leads to a uniformly rotating frame of reference (ω angular velocity), in which the square of the line element reads ($\xi^2 = x^2 + y^2$, $\alpha = \omega/c$)

$$(ds)^2 = (dx)^2 + (dy)^2 + (dz)^2 + 2\omega(x\,dy - y\,dx)\,d\bar{t} - c^2(1 - \alpha^2\xi^2)\,(d\bar{t})^2. \tag{6.2}$$

From this expression we can determine the metric and the Christoffel symbols, etc. But we can also follow another line, that is, specialize the formulae of section 4.1 under the assumptions

$$X_\alpha \doteq 0, \qquad \boldsymbol{\omega} = (0, 0, \omega).$$

The results are the following (x^2 means the power of x, etc.):
metric tensor:

$$(g_{ij}) = \begin{pmatrix} 1 & 0 & 0 & -\alpha y \\ 0 & 1 & 0 & \alpha x \\ 0 & 0 & 1 & 0 \\ -\alpha y & \alpha x & 0 & -(1 - \alpha^2\xi^2) \end{pmatrix}, \quad (g^{ij}) = \begin{pmatrix} 1 - \alpha^2 y^2 & \alpha^2 xy & 0 & -\alpha y \\ \alpha^2 xy & 1 - \alpha^2 x^2 & 0 & \alpha x \\ 0 & 0 & 1 & 0 \\ -\alpha y & \alpha x & 0 & -1 \end{pmatrix}; \tag{6.3}$$

metric vector (2.6):

$$g_1 = -\frac{\alpha y}{\sqrt{1 - \alpha^2\xi^2}}, \quad g_2 = \frac{\alpha x}{\sqrt{1 - \alpha^2\xi^2}}, \quad g_3 = 0; \tag{6.4}$$

non-vanishing Christoffel symbols:

$$\begin{Bmatrix} 1 \\ 24 \end{Bmatrix} = -\alpha, \quad \begin{Bmatrix} 1 \\ 44 \end{Bmatrix} = -\alpha^2 x, \quad \begin{Bmatrix} 2 \\ 14 \end{Bmatrix} = \alpha, \quad \begin{Bmatrix} 2 \\ 44 \end{Bmatrix} = -\alpha^2 y; \tag{6.5}$$

barred metric tensor and Levi-Civita pseudotensor:

$$\text{a)} \ (\bar{g}_{ij}) = \begin{pmatrix} 1 + \dfrac{\alpha^2 y^2}{1 - \alpha^2\xi^2} & -\dfrac{\alpha^2 xy}{1 - \alpha^2\xi^2} & 0 & 0 \\ -\dfrac{\alpha^2 xy}{1 - \alpha^2\xi^2} & 1 + \dfrac{\alpha^2 x^2}{1 - \alpha^2\xi^2} & 0 & 0 \\ 0 & 0 & 1 & 0 \\ 0 & 0 & 0 & -(1 - \alpha^2\xi^2) \end{pmatrix}, \tag{6.6}$$

$$\text{b) } (\bar{g}^{ij}) = \begin{pmatrix} 1-\alpha^2y^2 & \alpha^2xy & 0 & 0 \\ \alpha^2xy & 1-\alpha^2x^2 & 0 & 0 \\ 0 & 0 & 1 & 0 \\ 0 & 0 & 0 & -\dfrac{1}{1-\alpha^2\xi^2} \end{pmatrix}$$

$$\text{c) } \overset{3}{\bar{g}} = -|\bar{g}_{\mu\nu}| = -\frac{1}{1-\alpha^2\xi^2}, \qquad \text{d) } \bar{\varepsilon}^{\alpha\beta\gamma} = i\sqrt{1-\alpha^2\xi^2}\,\Delta^{\alpha\beta\gamma}, \tag{6.6}$$

non-vanishing barred affinities:

$$\begin{aligned}
&\overline{\begin{Bmatrix}1\\11\end{Bmatrix}} = -\frac{\alpha^4xy}{(1-\alpha^2\xi^2)^2}, \quad \overline{\begin{Bmatrix}1\\12\end{Bmatrix}} = \frac{\alpha^2y}{1-\alpha^2\xi^2}(1+\alpha^2x^2),\\
&\overline{\begin{Bmatrix}1\\22\end{Bmatrix}} = -\frac{\alpha^2x}{1-\alpha^2\xi^2}\left(2+\frac{\alpha^2x^2}{1-\alpha^2\xi^2}\right), \quad \overline{\begin{Bmatrix}2\\11\end{Bmatrix}} = -\frac{\alpha^2y}{1-\alpha^2\xi^2}\left(2+\frac{\alpha^2y^2}{1-\alpha^2\xi^2}\right),\\
&\overline{\begin{Bmatrix}2\\12\end{Bmatrix}} = \frac{\alpha^2x}{1-\alpha^2\xi^2}(1+\alpha^2y^2), \quad \overline{\begin{Bmatrix}2\\22\end{Bmatrix}} = -\frac{\alpha^4x^2y}{(1-\alpha^2\xi^2)^2},\\
&\overline{\begin{Bmatrix}4\\41\end{Bmatrix}} = -\frac{\alpha^2x}{1-\alpha^2\xi^2}, \quad \overline{\begin{Bmatrix}4\\42\end{Bmatrix}} = -\frac{\alpha^2y}{1-\alpha^2\xi^2}, \quad \overline{\begin{Bmatrix}1\\14\end{Bmatrix}} = \frac{\alpha^3xy}{1-\alpha^2\xi^2},\\
&\overline{\begin{Bmatrix}1\\24\end{Bmatrix}} = -\alpha\left(1+\frac{\alpha^2x^2}{1-\alpha^2\xi^2}\right), \quad \overline{\begin{Bmatrix}2\\14\end{Bmatrix}} = \alpha\left(1+\frac{\alpha^2y^2}{1-\alpha^2\xi^2}\right),\\
&\overline{\begin{Bmatrix}2\\24\end{Bmatrix}} = -\frac{\alpha^3xy}{1-\alpha^2\xi^2}.
\end{aligned} \tag{6.7}$$

The formulae are the basis for presenting the Maxwell system (2.65) to (2.68) in the rotating frame. GORBATSIEVICH and SENIEVICH [19] treated this problem in cylinder coordinates and derived an approximation procedure to find the electromagnetic field of a uniformly orbiting electric charge q_0 in its rest frame, taking into account the superposition of a homogenious magnetic field $\boldsymbol{B}_0$ in the inertial frame.
It turns out that

$$B_1 = B_2 = 0, \qquad B_3 = \text{const}; \qquad E_a = 0$$

is no solution of the above mentioned Maxwell system. Therefore, a constant magnetic field does not exist in the rotating frame. The magnetic field in the rotating frame is always connected with a corresponding electric field.
Because the mathematical formalism of the exact problem becomes rather tedious, we restrict ourselves to the first order in ω resp. α, as we did in our paper [3]. In this case the Maxwell system in the rotating frame reads:

$$\begin{aligned}
&\text{a) } \operatorname{rot}\boldsymbol{H} = \frac{1}{c}\left(\frac{\partial'\boldsymbol{D}}{\partial t} + \boldsymbol{j} - \boldsymbol{g}\times\frac{\partial'\boldsymbol{H}}{\partial t}\right),\\
&\text{b) } \operatorname{div}\boldsymbol{D} = \varrho + \frac{2}{c}(\boldsymbol{\omega}\boldsymbol{H}) - \frac{1}{c}\boldsymbol{g}\frac{\partial'\boldsymbol{D}}{\partial t},
\end{aligned} \tag{6.8}$$

$$\text{c) } \operatorname{rot} \boldsymbol{E} = -\frac{1}{c}\left(\frac{\partial' \boldsymbol{B}}{\partial t} + \boldsymbol{g} \times \frac{\partial' \boldsymbol{E}}{\partial t}\right),$$
$$\text{d) } \operatorname{div} \boldsymbol{B} = -\frac{2}{c}(\omega \boldsymbol{E}) - \frac{1}{c}\,\boldsymbol{g}\,\frac{\partial' \boldsymbol{B}}{\partial t}. \tag{6.8}$$

The relations (2.91) connecting the field strengths and the potential reduce to

$$\text{a) } \boldsymbol{E} = -\operatorname{grad}\varphi - \frac{1}{c}\frac{\partial' \boldsymbol{A}}{\partial t},$$
$$\text{b) } \boldsymbol{B} = \operatorname{rot}\boldsymbol{A} + \boldsymbol{g} \times \left(\operatorname{grad}\varphi + \frac{1}{c}\frac{\partial' \boldsymbol{A}}{\partial t}\right). \tag{6.9}$$

One can show that the fields

$$\text{a) } \boldsymbol{E} = \frac{q_0}{4\pi}\frac{\boldsymbol{r} - \bar{\boldsymbol{r}}}{|\boldsymbol{r} - \bar{\boldsymbol{r}}|^3} + \frac{1}{c}(\omega \boldsymbol{B}_0)\,\xi,$$
$$\text{b) } \boldsymbol{B} = -\frac{q_0}{4\pi c\,|\boldsymbol{r} - \bar{\boldsymbol{r}}|^3}(\boldsymbol{r} - \bar{\boldsymbol{r}}) \times [(\boldsymbol{r} - \bar{\boldsymbol{r}}) \times \omega] + \boldsymbol{B}_0 \tag{6.10}$$

are solutions of (6.8) for the problem formulated above, where $\bar{\boldsymbol{r}}$ is the vector to the point charge in vacuo ($D_\alpha = E_\alpha$, $B_\alpha = H_\alpha$). According to (6.9), the potentials read:

$$\text{a) } \boldsymbol{A} = -\frac{1}{2}\,\boldsymbol{r} \times \boldsymbol{B}_0 + \frac{q_0}{4\pi c|\boldsymbol{r} - \bar{\boldsymbol{r}}|}\,\omega \times \bar{\boldsymbol{r}},$$
$$\text{b) } \varphi = \frac{q_0}{4\pi|\boldsymbol{r} - \bar{\boldsymbol{r}}|} - \frac{1}{2c}(\omega \boldsymbol{B}_0)\,\xi^2. \tag{6.11}$$

It should be noted that in this approximation for the metric vector (2.6) the formula

$$\boldsymbol{g} = \frac{1}{c}\,\omega \times \boldsymbol{r} \tag{6.12}$$

is valid. Hence

$$\text{a) } \operatorname{div}\boldsymbol{g} = 0, \qquad \text{b) } \operatorname{rot}\boldsymbol{g} = \frac{2}{c}\,\omega \tag{6.13}$$

results.

6.2. Some statements on the properties of a hydrogen-like atom in its rest frame of a rotating disk

Approaching this problem, we have to decide whether our statements will refer to the inertial frame in which the atom is orbiting around an axis, or to the rotating frame in which the atom is somehow fixed. In accordance with the idea of the whole article, let us investigate the second problem.

Since we are interested in the main non-inertial effects, we simplify the expression (4.82) for the Hamiltonian in the following way (here $\boldsymbol{R} = 0$):

$$\begin{aligned}\mathscr{H}\phi = &-\frac{\hbar^2}{2m_0}\Delta\phi + \frac{ie\mu_B}{c}\operatorname{div}\boldsymbol{A}\,\phi + \frac{2ie\mu_B}{e_0}\boldsymbol{A}\operatorname{grad}\phi + \frac{e^2}{2m_0c^2}\boldsymbol{A}^2\phi + e\varphi\phi\\ &-\frac{e\mu_B}{e_0}\left[\frac{\hbar}{4m_0c}\operatorname{div}\boldsymbol{E}\,\phi + \sigma\left\{\left(\boldsymbol{B} + \frac{m_0c}{e}\,\omega\right)\phi - \frac{i\hbar}{2m_0c}\boldsymbol{E}\right.\right.\\ &\left.\left.\times\left(\operatorname{grad}\phi - \frac{ie}{\hbar c}\left(\boldsymbol{A} + \frac{2m_0c^2}{e}\,\boldsymbol{g}\right)\phi\right)\right\}\right] + i\hbar\omega\left[\boldsymbol{r} \times \left(\operatorname{grad}\phi - \frac{ie}{\hbar c}\boldsymbol{A}\phi\right)\right].\end{aligned} \tag{6.14}$$

In this equation the results (6.10) and (6.11) must be inserted for concrete calculations.

Considering the Hamiltonian (6.14), above all it is striking that the rotation of the frame occurs in different ways concerning the imitation of a magnetic field by rotation, namely:

1. with respect to the coupling of spin and magnetic field according to

$$\boldsymbol{B}_{(\text{spin})} = \frac{m_0 c}{e}\,\boldsymbol{\omega}, \tag{6.15}$$

2. with respect to the spin-orbit coupling according to

$$\boldsymbol{A}_{(\text{spin-orb})} = \frac{2m_0 c^2}{e}\,\boldsymbol{g} \tag{6.16}$$

or by means of (6.13b)

$$\boldsymbol{B}_{(\text{spin-orb})} = \operatorname{rot}\boldsymbol{A}_{(\text{spin-orb})} = \frac{4m_0 c}{e}\,\boldsymbol{\omega}. \tag{6.17}$$

Case I: Negligible difference between inertial and non-inertial electromagnetic fields

For angular velocities ω not too large, the rotational effect on the electromagnetic field can be neglected so that instead of (6.10) and (6.11) we can write

$$\text{a) } \boldsymbol{E} = \frac{q_0}{4\pi}\frac{\boldsymbol{r}-\bar{\boldsymbol{r}}}{|\boldsymbol{r}-\bar{\boldsymbol{r}}|^3}, \qquad \text{b) } \boldsymbol{B} = \boldsymbol{B}_0, \qquad \text{c) } \boldsymbol{A} = -\frac{1}{2}\,\boldsymbol{r}\times\boldsymbol{B}_0, \qquad \text{d) } \varphi = \frac{q_0}{4\pi\,|\boldsymbol{r}-\bar{\boldsymbol{r}}|}. \tag{6.18}$$

Under these cirumstances, from (6.14) the following spinor wave equation (post-Pauli equation in a rotating frame) for an electron ($e = -e_0$) results:

$$\begin{aligned}
&\Delta\phi + \frac{ie_0}{\hbar c}\left(\boldsymbol{B}_0 - \frac{2m_0 c}{e_0}\,\boldsymbol{\omega}\right)(\boldsymbol{r}\times\operatorname{grad}\phi) + \frac{e_0 q_0 m_0}{2\pi\hbar^2\,|\boldsymbol{r}-\bar{\boldsymbol{r}}|}\,\phi \\
&+ \frac{e_0^2}{4\hbar^2c^2}\left[(\boldsymbol{B}_0\boldsymbol{r})\left\{\boldsymbol{r}\left(\boldsymbol{B}_0 - \frac{4m_0 c}{e_0}\,\boldsymbol{\omega}\right)\right\} - r^2\left\{\boldsymbol{B}_0\left(\boldsymbol{B}_0 - \frac{4m_0 c}{e_0}\,\boldsymbol{\omega}\right)\right\}\right]\phi - \frac{e_0}{\hbar c}\,\sigma\left(\boldsymbol{B}_0 - \frac{m_0 c}{e_0}\,\boldsymbol{\omega}\right)\phi \\
&+ \frac{ie_0 q_0}{8\pi m_0 c|\boldsymbol{r}-\bar{\boldsymbol{r}}|^3}\,\sigma\left[(\boldsymbol{r}-\bar{\boldsymbol{r}})\times\left\{\operatorname{grad}\phi - \frac{ie_0}{2\hbar c}\,\boldsymbol{r}\times\left(\boldsymbol{B}_0 - \frac{4m_0 c}{e_0}\,\boldsymbol{\omega}\right)\phi\right\}\right] = \frac{2m_0}{i\hbar}\frac{\partial\phi}{\partial t}.
\end{aligned} \tag{6.19}$$

This equation is valid up to a rather high accuracy. It forms the basis for the calculation of atomic spectra for atoms within their own rest frame (e.g. rotating probes, ions accelerated in cyclotrons), etc.).

Analogously to the above statements, an imitated magnetic field by rotation with respect to the coupling of the magnetic field with the orbit is to be expected:

$$\boldsymbol{B}_{(\text{orb})} = \frac{2m_0 c}{e_0}\,\boldsymbol{\omega}. \tag{6.20}$$

Thus, if corresponding experiments as mentioned above could be performed, critical angular velocities with respect to a present magnetic field $\boldsymbol{B}_0$ would be

$$\omega_{\text{crit}} = \frac{e_0}{m_0 c}\,B_0, \qquad \frac{e_0}{2m_0 c}\,B_0, \qquad \frac{e_0}{4m_0 c}\,B_0, \tag{6.21}$$

because at such angular velocities certain terms in the equation (6.19) would vanish, i.e. certain coupling effects would be eliminated.

Applying equation (6.19) to the Zeeman effect in rotating frames, we can immediately realize the constant shift of the eigenvalues by the angular velocity ω. This effect influences the normal Zeeman effect and the anormal Zeeman effect with different factors.

Case II: Extremely strong magnetic fields

If the external magnetic field ist rather strong, i.e. comparable with the atomic electric field, the formulae (6.10) and (6.11) must be taken without neglecting any terms. In this case the spinor wave equation, resulting from (6.14), would be rather complicated. We renounce to write down the equation, but mention that this equation would be the basis for treating the Paschen-Back effect in rotating frames.

7. Some statements on an atom fixed to a linearly accelerated frame

Besides the uniformly orbiting atom, the uniformly linearly accelerated atom is of some interest. To calculate the atomic spectra in the rest frame one can follow the same line as in the preceding section, i.e. first the electromagnetic field of a charge in its non-inertial rest frame must be calculated. After that the wave equation has to be established.
The metric results from the coordinate transformation (hyperbolic motion with the acceleration $g = \alpha c$):

$$x^1 = x = x^{1'}, \qquad x^2 = y = x^{2'},$$
$$x^3 = z = z' - \frac{c}{a}\sqrt{1+\alpha^2 t'^2}, \qquad x^4 = c\bar{t} = ct' = x^{4'}. \tag{7.1}$$

Here we renounce to transform the time coordinate. This is without any physical relevance because in non-inertial frames the coordinates are only parameters. We find

$$\text{a)}\ (g_{ij}) = \begin{pmatrix} 1 & 0 & 0 & 0 \\ 0 & 1 & 0 & 0 \\ 0 & 0 & 1 & \frac{\alpha t}{\sqrt{1+\alpha^2 t^2}} \\ 0 & 0 & \frac{\alpha t}{\sqrt{1+\alpha^2 t^2}} & -\frac{1}{1+\alpha^2 t^2} \end{pmatrix},$$
$$\text{b)}\ (g^{ij}) = \begin{pmatrix} 1 & 0 & 0 & 0 \\ 0 & 1 & 0 & 0 \\ 0 & 0 & \frac{1}{1+\alpha^2 t^2} & \frac{\alpha t}{\sqrt{1+\alpha^2 t^2}} \\ 0 & 0 & \frac{\alpha t}{\sqrt{1+\alpha^2 t^2}} & -1 \end{pmatrix}. \tag{7.2}$$

This metric was investigated in greater detail in paper [*19*] where also the Maxwell equations were established.
Fortunately, already in 1909 M. BORN [*20*] derived the electromagnetic field of a uniformly, linearly accelerated charge. This result could be taken over and transformed to the rest frame of the charge. Indeed, the fields obtained fulfil the Maxwell system in the

rest frame of the charge [19]. They have the form:

$$A_1 = 0, \qquad A_2 = 0,$$

$$A_3 = \frac{q_0}{4\pi} \frac{c\bar{t}\left(2\frac{c^2}{\alpha^2} + R^2 + 2\frac{c}{\alpha} z\sqrt{1+\alpha^2\bar{t}^2}\right) - Z\left(z + \frac{c}{\alpha}\sqrt{1+\alpha^2\bar{t}^2}\right)}{Z\left(z^2 + \frac{c^2}{\alpha^2} + 2\frac{c}{\alpha} z\sqrt{1+\alpha^2\bar{t}^2}\right)}, \tag{7.3}$$

$$A_4 = -\frac{q_0}{4\pi} \frac{\left(2\frac{c^2}{\alpha^2} + R^2 + 2\frac{c}{\alpha} z\sqrt{1+\alpha^2\bar{t}^2}\right)\left(z + \frac{c}{\alpha}\frac{1}{\sqrt{1+\alpha^2\bar{t}^2}}\right) + Z\frac{\alpha t z}{\sqrt{1+\alpha^2\bar{t}^2}}}{Z\left(z^2 + \frac{c^2}{\alpha^2} + 2\frac{c}{\alpha} z\sqrt{1+\alpha^2\bar{t}^2}\right)};$$

and

$$E_1 = \frac{2q_0}{\pi}\frac{c^2}{\alpha^2}\frac{x}{Z^3}\left(\frac{c}{\alpha} + z\sqrt{1+\alpha^2\bar{t}^2}\right),$$

$$E_2 = \frac{2q_0}{\pi}\frac{c^2}{\alpha^2}\frac{y}{Z^3}\left(\frac{c}{\alpha} + z\sqrt{1+\alpha^2\bar{t}^2}\right),$$

$$E_3 = \frac{q_0}{\pi}\frac{c^2}{\alpha^2}\frac{\sqrt{1+\alpha^2\bar{t}^2}}{Z^3}\left(2z^2 - R^2 + 2\frac{c}{\alpha} z\sqrt{1+\alpha^2\bar{t}^2}\right); \tag{7.4}$$

$$B^1 = \frac{2q_0}{\pi}\frac{c^2}{\alpha^2}\frac{yz\alpha\bar{t}}{Z^3},$$

$$B^2 = -\frac{2q_0}{\pi}\frac{c^2}{\alpha^2}\frac{xz\alpha\bar{t}}{Z^3},$$

$$B^3 = 0,$$

where

$$Z = \left[\left(R^2 + 2\frac{cz}{\alpha}\sqrt{1+\alpha^2\bar{t}^2}\right)^2 + 4\frac{c^2}{\alpha^2}(R^2 - z^2)\right]^{1/2}, \qquad R^2 = x^2 + y^2 + z^2. \tag{7.5}$$

We conclude this section stating, that this field quantities have to be taken into account if, on the basis of the Hamiltonian (4.82) with $\omega = 0$, quantum theoretical problems are to be treated. Estimates of the occuring effects have been given in [19]. The effects are extremely small.

We are very grateful to Mr. A. Gorbatsievich, who checked parts of the calculations, and to Prof. H. A. Buchdahl for going over the English text of the first part of the article.

Literature

[1] E. SCHMUTZER, Relativistische Physik, Teubner-Verlagsgesellschaft, Leipzig 1968; Neuere Entwicklungen der Physik, Deutscher Verlag der Wissenschaften, Berlin 1974 (edited by P. Görlich, A. ECKARDT, P. KUNZE).

[2] A. L. ZELMANOV, Papers of the 6th Assembly on Questions of Cosmogony, Izdatelstvo Akad. Nauk SSSR Moscow 1959 (Russian); C. CATTANEO, Nuovo Cimento **10** (1958) 318; N. SALIÉ, Thesis, Jena 1964; Wiss. Zeitschrift Univ. Jena, Math.-Naturwiss. Reihe **15** (1966) 45, 63.

N. V. MITSKIEVICH, Physical fields in the theory of General Relativity, Izd. "Nauka", Moscow 1969 (Russian); I. S. SYAGLO, O. S. IVANITSKAYA, Izv. Akad. Nauk BSSR (Minsk) **5** (1974) 68; H. HEINTZMANN, P. MITTELSTAEDT, Springer Tracts in Modern Physics (Ergebnisse der exakten Naturwiss.) Vol. **47** (1968) 185.
[3] E. SCHMUTZER, Ann. Phys. (Leipzig) **29** (1973) 75.
[4] M. G. TROCHERIS, Phil. Mag. **40** (1949) 1143; W. M. IRVINE, Physica **30** (1964) 1160; D. L. WEBSTER, R. C. WHITTEN, Astrophysics and Space Science, **24** (1973) 323.
[5] E. SCHMUTZER, Nova Acta Leopoldina, Suppl. Vol. **44**, Nr. 8 (1976); Exper. Techn. Phys. **24**, (1976) 131; Acta Physica Austriaca (in press).
[6] J. PLEBAŃSKI, On the Generators of the N-dimensional pseudo-unitary and pseudo-orthogonal groups (manuscript), Mexico 1969; B. MIELNIK, J. PLEBAŃSKI, Ann. Inst. Henro Poincaré Section A, **12** (1970) 215.
[7] R. COLLIER, Acta Phys. Polon. **B 7** (1976) 169.
[8] H. STEPHANI, Ann. Phys. (Leipzig) **15** (1965) 12.
[9] N. V. MITSKIEVICH, Physical Fields in the General Theory of Relativity, "Nauka", Moscow (1969) (Russ.).
[10] R. COLLIER, Czech. J. Phys. (in press).
[11] S. A. MOSZKOWSKI, Handbuch der Physik (Flügge) **39** (1957) 411.
[12] J. MATISOV, IEEE Transactions on Magnetics **5** (1969) 850.
[13] F. POBELL, Physik in unserer Zeit **1** (1970) 108.
[14] J. E. ZIMMERMANN, I. E. MERCEREAU, Phys. Rev. Letters **14** (1965) 887.
[15] E. SCHMUTZER, Exper. Techn. Phys. **22** (1974) 485; **23** (1975) 1, 445.
[16] YA. B. ZELDOVICH, JETP Letters (USSR) **1** (1965) 40.
[17] D. S. DEWITT, Phys. Rev. Letters **16** (1966) 1092.
[18] G. PAPINI, Nuovo Cimento **45B** (1966) 66; Phys. Letters **24A** (1967) 32.
[19] A. GORBATSIEVICH, V. SENIEVICH, Exper. Techn. Phys. **24**, (1976) **433**; diploma work (Sektion Physik, University of Jena 1976).
[20] M. BORN, Ann. Phys. (Leipzig) **30** (1909) 1; F. FULTON, F. ROHRLICH, Ann. Phys. (N. Y.) **9** (1960) 499.

INHALT

Die „FORTSCHRITTE DER PHYSIK" dienen der Publikation zusammenfassender Berichte über aktuelle Teilgebiete der Physik. Neben Originalberichten in deutscher oder englischer Sprache werden deutsche Übersetzungen wichtiger fremdsprachiger Berichte abgedruckt.

Aus dem Inhalt der folgenden Hefte:

W. RÜHL, B. C. YUNN: The Transformation Behaviour of Fields in Conformally Covariant Quantum Field Theories

L. FONDA: A Critical Discussion on the Decay of Quantum Unstable Systems

E. M. ILGENFRITZ, J. KRIPFGANZ, H. J. MÖHRING: Statistical Bootstrap Approach to Hadronic Matter and Multiparticle Reactions

J. HERMANN: Stimulierte Resonanz-Ramanstreuung an angeregten und nicht angeregten Molekülen

D. EBERT, H.-J. OTTO: A Survey on Dual Tree and Loop Amplitudes

M. S. MARINOV, V. S. POPOV: Electron-Positron Pair Creation from Vacuum Induced by Variable Electric Field

Manuskripte werden nach Vereinbarung mit dem Autor von der Schriftleitung entgegengenommen.

Bei Fragen zur Produktsicherheit wenden Sie sich bitte an:
If you have any questions regarding product safety,
please contact:

Walter de Gruyter GmbH
Genthiner Straße 13
10785 Berlin
productsafety@degruyterbrill.com